工业固体废物综合利用

余　海◎主编

重庆大学出版社

内容提要

我国是当前固体废物产生量最大的国家之一。工业固体废物资源化利用是缓解我国资源环境约束的重要途径之一,是推进生态文明建设的重要保障和基本要求。本书阐述了工业固体废物的产生、分类、环境污染等特性,回顾了我国工业固体废物管理、综合利用的发展思路和历程,梳理了工业固体废物综合利用技术和典型案例,以期为推进工业固体废物综合利用、促进行业高质量发展、提高资源利用效率提供参考和指引。

本书可作为从事工业固体废物综合利用的企业技术人员以及相关高校研究人员的参考用书。

图书在版编目(CIP)数据

工业固体废物综合利用 / 余海主编. -- 重庆:重庆大学出版社, 2024. 11. -- ISBN 978-7-5689-4937-8

Ⅰ. X705

中国国家版本馆 CIP 数据核字第 2024M5G407 号

工业固体废物综合利用
GONGYE GUTI FEIWU ZONGHE LIYONG

主 编 余 海
策划编辑:范 琪

责任编辑:姜 凤　　版式设计:范 琪
责任校对:关德强　　责任印制:张 策

*

重庆大学出版社出版发行
出版人:陈晓阳
社址:重庆市沙坪坝区大学城西路 21 号
邮编:401331
电话:(023)88617190　88617185(中小学)
传真:(023)88617186　88617166
网址:http://www.cqup.com.cn
邮箱:fxk@cqup.com.cn(营销中心)
全国新华书店经销
重庆升光电力印务有限公司印刷

*

开本:720mm×1020mm　1/16　印张:13.25　字数:217 千
2024 年 11 月第 1 版　　2024 年 11 月第 1 次印刷
ISBN 978-7-5689-4937-8　定价:88.00 元

编委会

前　言

我国是人口大国，也是固体废物产生量最大的国家之一，初步统计，我国社会生产生活每年产生的各类固体废物总量约 120 亿 t。随着社会经济的发展，固体废物产生量呈逐年增加的态势。有学者预测，到 2025 年，我国城市固体废物产生量可能达到世界总量的 1/4，这将带来巨大的环境压力。同时，固体废物又是"放错位置的资源"，在适当的经济技术条件下，固体废物可以转化为有用的资源，成为宝贵的财富，开发利用潜力巨大。

推进固体废物资源化利用与处理是我国生态文明建设的重要内涵之一，党的二十大报告进一步明确，"加快发展方式绿色转型，推动经济社会发展绿色化、低碳化是实现高质量发展的关键环节。加快推动产业结构、能源结构、交通运输结构等调整优化。实施全面节约战略，推进各类资源节约集约利用，加快构建废弃物循环利用体系。完善支持绿色发展的财税、金融、投资、价格政策和标准体系，发展绿色低碳产业，健全资源环境要素市场化配置体系，加快节能降碳先进技术研发和推广应用，倡导绿色消费，推动形成绿色低碳的生产方式和生活方式"。

目前，我国资源环境问题对社会发展的制约仍然突出，推进固体废物资源化利用，是补齐我国资源短板、推进生态文明建设的战略举措，可以带来显著的环境效益、经济效益和社会效益。开展"无废城市"建设是深入落实党中央、国务院决策部署的具体行动，是从城市整体层面深化固体废物综合管理改革和推动"无废社会"建设的有力抓手，是提升生态文明、建设美丽中国的重要举措。"无废城市"是以创新、协调、绿色、开放、共享的新发展理念为引领，通过推动形成绿色发展方式和生活方式，持续推进固体废物源头减量和资源化利用，最大限度地减少填埋量，将固体废物环境影响降至最低的城市发展模式，也是一种先进的城市管理理念。

我国是资源能源生产和消费大国，也是工业固体废物产生大国。我国工业固体废物（含工业危险废物）产生量约 37 亿 t，综合利用率仅 60%，同时历史堆存的工业固体废物约 600 亿 t。采矿和冶炼行业产生的尾矿、冶炼废渣，煤矿开采和使用过程中产生的粉煤灰、炉渣,污染治理过程中产生的脱硫石膏、污泥,以及磷石膏、赤泥和危险废物等产生的问题尤为突出,大量堆存的固体废物持续产生大气、水体和土壤污染,固体废物引发环境安全事故时有发生,成为影响生态环境改善的重点问题之一。

工业固体废物资源化利用,是缓解我国资源环境约束的重要途径之一,是推进生态文明建设的重要保障和基本要求。2020 年 9 月,我国提出了 2030 年前实现碳达峰、2060 年前实现碳中和的战略目标。固体废物污染防治,一头连着减污,一头连着降碳。工业固体废物综合利用与碳减排目标、路径协同,是减污降碳的重要手段。

本书阐述了工业固体废物产生、分类、环境污染特性,回顾了我国工业固体废物管理、综合利用的发展思路和历程,梳理了工业固体废物综合利用技术和典型案例,以期为推进工业固体废物综合利用、促进行业高质量发展、提高资源利用效率提供参考和指引。

本书在编写过程中参考了大量学者的研究成果,引用了一些生产实践案例,在此一并表示感谢。限于作者水平,书中难免存在疏漏之处,恳请广大读者批评指正。

编　　者

2024 年 6 月

目　录

第1章　工业固体废物的概述

1.1　工业固体废物的产生

　　《中华人民共和国固体废物污染环境防治法》(于 2020 年修订,以下简称《固废法》)中明确提出固体废物的法律定义:在生产、生活和其他活动中产生的丧失原有利用价值或者虽未丧失利用价值但被抛弃或者放弃的固态、半固态和置于容器中的气态的物品、物质以及法律、行政法规规定纳入固体废物管理的物品、物质。此外,经无害化加工处理,并且符合强制性国家产品质量标准,不会危害公众健康和生态安全,或者根据固体废物鉴别标准和鉴别程序认定为不属于固体废物的除外。

　　工业固体废物(Industrial Solid Waste)是指在工业生产活动中产生的固体废物。工业是对自然资源开采和对各种原材料加工而生产社会物质的各项事业的统称。因此,工业固体废物可以说是工业生产的必然产物。我国作为最大的发展中国家之一和世界第二大经济体,工业固体废物的产生量居世界首位。工业固体废物来源繁多,其组成受原辅材料、工艺技术、运行模式和处置方法等多重因素的影响,我国将工业固体废物分为一般工业固体废物和工业危险废物。

1.2　工业固体废物的分类

1.2.1　一般工业固体废物

　　一般工业固体废物是指企业在工业生产过程中产生且不属于危险废物的

工业固体废物。我国一般工业固体废物自"九五"开始实行单独分类统计,分类从 8 类历经多次调整至"十三五"期间的 11 类,包括冶炼废渣(SW01)、粉煤灰(SW02)、炉渣(SW03)、煤矸石(SW04)、尾矿(SW05)、脱硫石膏(SW06)、污泥(SW07)、放射性废物(SW08)、赤泥(SW09)、磷石膏(SW10)和其他废物(SW99)。主要围绕煤矿开采和使用、矿产资源开采与冶炼等行业产生的煤矸石、炉渣、粉煤灰、脱硫石膏、尾矿、冶炼废渣等大宗一般工业固体废物开展分类,见表 1.1。根据《关于发布〈一般工业固体废物管理台账制定指南(试行)〉的公告》(生态环境部公告 2021 年第 82 号),一般工业固体废物共分为 17 类,见表 1.2。

1.2.2 工业危险废物

危险废物是指列入《国家危险废物名录》或者根据国家现行规定的 GB 5085 鉴别标准和 GB 5086 及 GB/T 15555 鉴别方法判定具有危险特性的固体废物(包括液态废物),其中满足以下两条之一的固体废物列入《国家危险废物名录》:具有毒性(Toxicity,T)、腐蚀性(Corrosivity,C)、易燃性(Ignitability,I)、反应性(Reactivity,R)或者感染性(Infectivity,In)一种或者几种危险特性的;不排除具有危险特性,可能对生态环境或者人体健康造成有害影响,需要按照危险废物进行管理的。我国《国家危险废物名录》是在《控制危险废物越境转移及其处置巴塞尔公约》划定的类别基础上,结合我国实际情况对危险废物进行的分类,1998 年首次发布,历经 2008 年、2016 年和 2021 年 3 次调整形成现行的《国家危险废物名录》(2021 版),见表 1.3。将危险废物分为 46 大类别、467 种小类,逐步形成全面准确的分类目录,危险废物来源包括医疗卫生行业、工业以及其他非特定行业,危险废物类别和编码见附录 1,其中工业生产相关活动产生的危险废物为工业危险废物。

表 1.1　我国一般工业固体废物分类发展历程

序号	"九五"以前	"九五"期间	"十五"期间	"十一五"期间	"十二五"期间	"十三五"期间	"十四五"期间②
1	冶炼废渣	冶炼废渣	冶炼废渣	冶炼废渣	冶炼废渣	SW01 冶炼废渣	SW01 冶炼废渣～SW10 磷石膏，与"十三五"一致
2	粉煤灰	粉煤灰	粉煤灰	粉煤灰	粉煤灰	SW02 粉煤灰	SW11 工业副产石膏
3	炉渣	炉渣	炉渣	炉渣	炉渣	SW03 炉渣	SW12 钻井岩屑
4	煤矸石	煤矸石	煤矸石	煤矸石	煤矸石	SW04 煤矸石	SW13 食品残渣
5	尾矿	尾矿	尾矿	尾矿	尾矿	SW05 尾矿	SW14 纺织皮革业废物
6	放射性废物	放射性废物	放射性废物	放射性废物	放射性废物	SW06 脱硫石膏	SW15 造纸印刷业废物
7	其他	其他废物	其他废物	脱硫石膏	赤泥	SW07 污泥	SW16 化工类废物
8	化工废渣①			其他废物	磷石膏	SW08 放射性废物	SW17 可再生类废物
9					脱硫石膏	SW09 赤泥	SW59 其他工业固体废物
10					污泥	SW10 磷石膏	
11					其他废物	SW99 其他废物	

注:①"九五"以前，工业固体废物未按照危险废物和一般工业固体废物进行分类。"九五"开始一般工业固体废物单独分类管理，危险废物单独分类管理，危险废物单独管理至1998 年起实行名录管理，放射性废物单独统计管理。

②根据《一般工业固体废物管理台账制定指南（试行）》（生态环境部公告 2021 年第 82 号）进行分类。

表 1.2　一般工业固体废物分类表

废物代码	废物种类	废物描述
SW01	冶炼废渣	黑色金属冶炼、有色金属冶炼、贵金属冶炼等产生的固体废物(不含赤泥),包括炼铁产生的高炉渣、炼钢产生的钢渣、电解锰产生的锰渣等
SW02	粉煤灰	从燃煤过程产生烟气中收捕下来的细微固体颗粒物,不包括从燃煤设施炉膛排出的灰渣,主要来自火力发电和其他使用燃煤设施的行业
SW03	炉渣	燃烧设备从炉膛排出的灰渣(不含冶炼废渣),不包括燃料燃烧过程中产生的烟尘
SW04	煤矸石	煤炭开采、洗选产生的矸石以及煤泥等固体废物
SW05	尾矿	金属、非金属矿山开采出的矿石,经选矿厂选出有价值的精矿后产生的固体废物,包括铁矿、铜矿、铅矿、铅锌矿、金矿(涉氰或浮选)、钨钼矿、硫铁矿、萤石矿、石墨矿等矿石选矿后产生的尾矿
SW06	脱硫石膏	废气脱硫的湿式石灰石/石膏法工艺中,吸收剂与烟气中 SO_2 等反应后生成的副产物
SW07	污泥	各类污水处理产生的固体沉淀物
SW09	赤泥	从铝土矿中提炼氧化铝后排出的污染性废渣,一般含氧化铁量大,外观与赤色泥土相似
SW10	磷石膏	在磷酸生产中用硫酸分解磷矿时产生的二水硫酸钙、酸不溶物,未分解磷矿及其他杂质的混合物。主要来自磷肥制造业
SW11	工业副产石膏	工业生产活动中产生的以硫酸钙为主要成分的石膏类废物,包括氟石膏、硼石膏、钛石膏、芒硝石膏、盐石膏、柠檬酸石膏等,不含脱硫石膏、磷石膏
SW12	钻井岩屑	石油、天然气开采活动以及其他采矿业产生的钻井岩屑等矿业固体废物,不包括煤矸石、尾矿
SW13	食品残渣	农副食品加工、食品制造等产生的有机类固体废物,包括各类农作物、牲畜、水产品加工残余物等

续表

废物代码	废物种类	废物描述
SW14	纺织皮革业废物	纺织、皮革、服装等行业产生的固体废物,包括丝、麻、棉边角废料等
SW15	造纸印刷业废物	造纸业、印刷业产生的固体废物,包括造纸白泥等
SW16	化工废物	石油煤炭加工、化工行业、医药制造业产生的固体废物,包括气化炉渣、电石渣等
SW17	可再生类废物	工业生产加工活动中产生的废钢铁、废有色金属、废纸、废塑料、废玻璃、废橡胶、废木材等
SW59	其他工业固体废物	除上述种类以外的其他工业固体废物

注:①本表是为固体废物环境管理提供便利,不是固体废物或危险废物鉴别的依据。

②列入本表的一般工业固体废物,是指按照国家规定的标准和程序判定不属于危险废物的工业固体废物。

③SW08 为放射性废物,另行统计。

表 1.3　国家危险废物名录调整统计表

序号	版本	施行时间	发布单位
1	1998 版	1998 年 7 月 1 日	原国家环境保护局、国家经济贸易委员会、对外贸易经济合作部、公安部
2	2008 版	2008 年 8 月 1 日	原环境保护部、国家发展和改革委员会
3	2016 版	2016 年 8 月 1 日	原环境保护部、国家发展和改革委员会、公安部
4	2021 版	2021 年 1 月 1 日	生态环境部、国家发展和改革委员会、公安部、交通运输部、国家卫生健康委员会

1.3 工业固体废物环境污染特性

1.3.1 污染特性概述

（1）数量巨大、种类繁多

随着工业生产规模的扩大、产业分工逐步细化、新材料新能源占比增加，工业固体废物种类和数量也逐年增加。2020年，全国一般工业固体废物产生量达36.8亿t，全国工业危险废物产生量达7 281.8万t。其中，全国196个大中城市一般工业固体废物产生量为13.8亿t，工业危险废物产生量为4 498.9万t。

固体废物的来源十分广泛，工业固体废物来源包括采矿、冶炼、工业产品生产制造、燃料燃烧、交通运输、环境污染治理等多个行业所产生和丢弃的固体和半固体的物质。工业固体废物分类逐步细化，在现行固体废物分类体系中，一般工业固体废物共18个类别，危险废物共46大类、467小类，工业固体废物精细化管理成为必然要求，我国固体废物污染环境防治已成为生态环境保护领域的重要任务。

（2）成分复杂、危害性强

工业固体废物成分复杂，其对环境的危害和影响主要通过水、大气或土壤等介质传播。工业固体废物中的有害物质向环境中的扩散速度缓慢，其环境危害可能需要数年甚至数十年才能凸显，潜伏时间较长。固体废物不具备较强的流动性，加之社会民众对工业固体废物的认识不足，导致警惕性不高。固体废物对环境的影响具有长期性、潜在性和不可恢复性等特点。从这个意义来看，工业固体废物特别是危险废物，可能对环境造成的危害可能比废水和废气造成的危害还要严重，对周围环境及人体健康构成长期威胁。此外，固体废物领域的环境违法犯罪案件频发，持续带来生态环境安全风险。

（3）环境污染的"源"和"汇"

在废水和废气治理过程中，常采用吸附、浓缩、沉淀等方法来富集污染物。废气治理或废水处理的过程，实际上是将环境中的污染物转化为比较难以扩散的形式，即将液态或气态的污染物转变为固态的污染物，形成环境污染物的

"汇",从而降低污染物质向环境迁移的速率。同时,固体废物处置不规范,它将在区域范围内持续带来环境污染。固体废物对环境的影响是通过水、大气或土壤等介质进行的,并且固体废物中污染物释放和对环境产生影响是一个很缓慢的过程,使得固体废物成为水体、空气、土壤环境污染的"源"。因此,固体废物管理就需要贯穿其产生-处置全过程,既要最大限度地减少产生量,又要妥善处置已经产生的固体废物,避免引发新的环境污染。

1.3.2　对生态环境的影响

工业固体废物对生产生活和生态环境可能造成的影响主要包括占用土地,污染水体、大气、土壤,引发安全事故等。

(1)占用土地

工业固体废物的贮存和处置需要占用大量土地资源,主要体现在填埋处置对土地资源的占用。截至 2021 年,我国现有近万座尾矿库,华北地区分布近 1/3,长江流域分布近 1/3,在用的占 1/3,环境风险相对比较高的占 1/3。据统计,在 2005 年时全国尾矿堆放占用土地达 1 300 多万亩,此外,还有大量的一般工业固体废物贮存和填埋场所以及一定数量的危险废物填埋场,加之其他形式贮存或者无序堆存的工业固体废物,占用的土地面积巨大。近年来,工业固体废物填埋处置占比逐步降低,但已经封场的填埋处置场所将长期存在。

(2)污染水体

工业固体废物对水体的污染途径有直接污染和间接污染两种。直接污染是工业固体废物直接进入河流湖库等水体,从而直接导致水体污染;间接污染是固体废物在堆积过程中,经过自身分解和雨水淋溶产生的废水流入江河、湖泊和渗入地下而导致地表水和地下水的污染。同时,还有不少国家直接将固体废物倾倒于河流、湖泊或海洋,海洋处置甚至一度是其主要的固体废物处置方式之一。例如,美国仅在 1968 年就向太平洋、大西洋和墨西哥湾倾倒固体废物 4 800 多万 t。工业固体废物处置不当会带来污染水体环境、危害水生生物的生存条件,并影响水资源的充分利用。污染物以水体作为介质,会发生更大范围内的扩散,从而带来更大的环境危害。

(3)污染大气

工业固体废物在贮存和处理、处置过程中会产生有害气体或粉尘,若不加以妥善处理将对大气环境造成不同程度的影响。例如，露天堆放和填埋的固体废物中有机组分分解产生氨气、硫化氢、甲硫醇等的扩散会造成大气环境污染，工业固体废物在焚烧处置过程中产生粉尘、氮氧化物、二氧化硫、二噁英等也会对大气环境造成污染，工业固体废物中粉煤灰、火法冶炼渣等露天堆存的细微颗粒、粉尘等也会对大气环境造成污染。

（4）对土壤和地下水造成影响

工业固体废物及其渗滤液所含的有毒有害物质在土壤中富集，会污染土壤和地下水，改变土壤性质、结构和功能，并将对土壤中微生物的活动产生影响。固体废物的贮存和填埋是土壤和地下水污染的主要来源之一。

（5）引发环境安全事故

工业固体废物非法处置和工业固体废物场地堆存往往会导致环境安全事故。近年来，危险废物未按要求进行贮存、转运和处置而造成的重大突发环境事件时有发生，例如，尾矿库等工业固体废物堆存场所引发的环境安全事故不仅造成了巨大的经济损失，也带来了深刻的教训。

1.3.3 对人体健康的影响

工业固体废物在露天存放、处理或处置过程中，其有害成分在物理、化学和生物因素的作用下可能产生浸出扩散。这些含有害成分的浸出液可通过地表水、地下水、大气和土壤等环境介质，直接或间接地被人体吸收，从而对人体健康构成危害。

根据物质的化学特性，当某些不相容物混合时，可能会引发不良反应，如热反应（燃烧或爆炸）、产生有毒气体（如砷化氢、氰化氢、氯气等）和产生可燃性气体（如甲烷、氢气等）。如果人体皮肤接触到废强酸或废强碱，可能会发生烧灼性腐蚀作用。

第2章　工业固体废物的管理

2.1　管理原则

2.1.1　"三化"原则

《固废法》中第四条规定:"固体废物污染环境防治坚持减量化、资源化和无害化的原则,任何单位和个人都应当采取措施,减少固体废物的产生量,促进固体废物的综合利用,降低固体废物的危害性。"法律明确了减量化、资源化和无害化的"三化"原则。

(1)减量化

减量化是指通过采用合适的管理和技术手段,减少固体废物的产生量和排放量。实现固体废物减量化最重要的是要从固体废物产生源头进行控制,包括寻找替代材料、优化工艺技术、提升管理水平等措施。减量化的要求不仅是减少固体废物的数量和其体积,还包括减少危险废物的种类、降低危险废物中有害成分的浓度、减轻或清除其危险特性等。减量化是对固体废物的数量、体积、种类和有害性质的全面管理,需要积极提升清洁生产工艺技术,开发和应用先进的生产技术和设备,以及充分合理地利用原材料、能源和其他资源。减量化是防治固体废物污染环境的有效措施。

(2)资源化

资源化是指采取管理和工艺措施,从固体废物中回收物质和能源,推动物质和能源的循环,提高资源能源的利用效率。从便于固体废物管理的观点来看,资源化的定义包括以下3个范畴:

①物质回收：从处理的废弃物中回收一定的二次物质，如纸张、玻璃、金属等。

②物质转换：利用废弃物制取新形态的物质，如利用废玻璃和废橡胶生产铺路材料，利用炉渣生产水泥和其他建筑材料，利用有机垃圾生产堆肥等。

③能量转换：从废物处理过程中回收能量，以生产热能或电能，如通过焚烧有机废物，可以回收其中的热量并进一步用于发电。此外，有机垃圾通过厌氧消化过程可产生沼气，这种可再生能源同样可用于供热或发电。

（3）无害化

无害化是指对已产生、现阶段尚无技术或者条件开展综合利用的固体废物，尽可能地采用物理、化学或生物手段，使其危害性降到最低，从而减少固体废物贮存和填埋对环境产生的影响。

2.1.2　全过程管理原则

固体废物的污染控制经历了从简单处理到全面管理的发展过程。在早期，各国普遍聚焦于固体废物末端治理。在经历了许多事故与教训后，人们逐渐意识到对固体废物实行源头控制的重要性，于是出现了"从摇篮到坟墓"（Cradle-to-Grave）的固体废物全过程管理的新理念。目前，在世界范围内取得共识的固体废物污染环境防治的基本对策是：避免产生（Clean）、综合利用（Cycle）和妥善处置（Control）的"3C"原则。我国《固废法》中也确立了对固体废物进行全过程管理的原则，即对固体废物的产生、收集、运输、利用、贮存、处理和处置等各个环节实行全面的控制管理和污染防治措施。

固体废物从产生到处置可分为5个阶段进行控制。第一阶段：采取有效的清洁化生产工艺，通过改变原材料、改进生产工艺和更换产品等来控制、减少或避免固体废物的产生；第二阶段：对生产过程中产生的固体废物，尽量进行系统内的回收利用，不离开本企业生产环节；第三阶段：对已产生的固体废物，进行本企业生产环节外的回收利用；第四阶段：对尚无法进行综合利用的固体废物进行无害化/稳定化处理；第五阶段：对固体废物进行最终的处置，落实处置过程的管理，以实现其安全处理处置。

在"3C"原则中，源头控制是至关重要的，尤其是对工业生产的生产工艺流程（包括原材料和产品参数等）进行改革与更新。采用清洁生产工艺显得更为重要。《中华人民共和国清洁生产促进法》规定：本法所称清洁生产，是指不断采取改进设计、使用清洁的能源和原料、采用先进工艺技术与设备、改善管理、综合利用等措施，从源头削减污染，提高资源利用效率，减少或者避免生产、服务和产品使用过程中污染物的产生和排放，以减轻或消除对人类健康和环境的危害。

2.1.3 循环经济理念

《固废法》第三条明确规定："国家推行绿色发展方式，促进清洁生产和循环经济发展。国家倡导简约适度、绿色低碳的生活方式，引导公众积极参与固体废物污染环境防治。"清洁生产和循环经济发展，乃是实现工业固体废物减量化、资源化、无害化的根本出路。因此，在固体废物管理和污染控制方面，需要体现循环经济的理念，主要是赋予政府责任，为推进固体废物循环利用创造条件、提供激励。《固废法》还规定："国家鼓励单位和个人购买、使用综合利用产品和可重复使用产品。县级以上人民政府及其有关部门在政府采购过程中，应当优先采购综合利用产品和可重复使用产品"以及"县级以上地方人民政府应当制定工业固体废物污染环境防治工作规划，组织建设工业固体废物集中处置等设施，推动工业固体废物污染环境防治工作。"

《中华人民共和国循环经济促进法》明确规定："减量化，是指在生产、流通和消费等过程中减少资源消耗和废物产生；再利用，是指将废物直接作为产品或者经修复、翻新、再制造后继续作为产品使用，或者将废物的全部或者部分作为其他产品的部件予以使用；资源化，是指将废物直接作为原料进行利用或者对废物进行再生利用。"

循环经济是一种运用生态学规律指导人类社会经济活动的发展理念，该体系中要求所有物质和能源能够通过不断的经济循环体系得到合理和持久的利用，从而将人类经济活动对自然的影响尽可能地降到最低限度。循环经济倡导建立与自然和谐的经济发展模式，以"低开采、高利用、低排放"为特征，要求人类经济活动形成"资源—产品—再生资源"的正反馈。针对固体废物管理，需要综合运用生态学、环境学、经济学的理论作为管理规划的基础，强调循环再生原则和废物最小化原则。

2.2 制度与标准体系

对于工业固体废物,特别是危险废物要实施从产生、收集、运输、贮存、处理到处置的全过程监督管理,这是目前国际上普遍采用的经验。各国在管理过程中都制定实施了一些特殊的管理制度。

2.2.1 制度体系

(1)各国工业固体废物管理相关法规、标准

立法是世界各国普遍采用的一项生态环境保护和污染防治措施。全国人大、国务院、生态环境部均对工业固体废物污染环境防治制定了相关的法规、条例与标准。我国于1995年首次颁布《中华人民共和国固体废物污染环境防治法》,先后历经了2004年和2020年两次修订,其间还分别于2013年、2015年、2016年进行了修正,新版《固废法》自2020年9月1日起施行。国家生态环境主管部门还颁布了一系列的环境保护控制标准,主要有《一般工业固体废物贮存和填埋污染控制标准》《危险废物贮存污染控制标准》《危险废物焚烧污染控制标准》《危险废物填埋污染控制标准》等。

欧盟通过了一些有关废物管理的法律,具体包括废物管理框架、废油处置法、污水污泥法、有毒垃圾焚烧法、垃圾填埋法、废弃车辆管理法、轮船垃圾管理法、有毒垃圾越境管理法、废物政策、垃圾船运监控管理法、垃圾向非经合组织转运管理法等法律。

奥地利主要采取了废弃机油法、日用电池法、润滑油法、毒性垃圾法、建筑垃圾法、可降解垃圾的分类收集法、冰箱法、包装材料法、填埋法、堆肥法、水治理法、环境影响评估法、土壤保护法、化学物质法等国家级法规及附加法规来支持基本的废物管理。

(2)申报登记和许可证制度

推行和实施许可证制度,便于实行工业固体废物从产生到处置进行全过程的监督管理,逐步建立和完善各种规章制度和收费制度,可以使工业固体废物的管理做到科学化、规范化和制度化。

我国的排污申报登记制度要求：

①排污单位必须在指定时间内，向当地生态环境保护行政主管部门办理排污申报登记手续，并提供污染防治方面的有关技术资料。

②排污单位必须如实填写申报登记表，经核实后，报当地生态环境保护行政主管部门审批。

③企业、事业单位的新建和技改项目，试产前三个月内应向当地生态环境保护行政主管部门进行排污申报登记。

④排污单位排放污染物的种类、数量、浓度有重大变化或改变排放方式、排放去向时，应提前 15 天向当地生态环境保护行政主管部门申请，履行变更登记手续。

工业固体废物产生情况是工业固体废物开展管理工作的基础，管理部门要在每年的工业固体废物申报登记制度的基础上，深入开展摸底调查工作，掌握工业固体废物以及危险废物的产生、排放、去向等第一手资料，按不同类别和存在的问题，列出工业固体废物和危险废物管理的重点单位和非重点单位，使工业固体废物的防治和管理工作做到层次清晰，重点明确，有的放矢。同时对工业企业的工业固体废物产生和处理处置情况，可通过建立每季度的季报制度和工业固体废物的变更申报制度，及时准确地了解工厂的情况，以便监督管理部门采取灵活多样的方式，对症下药，加强工业固体废物的跟踪管理。

对于危险废物，《固废法》要求，产生危险废物的单位，应当按照国家有关规定制定危险废物管理计划。我国生态环境部印发的《危险废物产生单位管理计划制定指南》和《危险废物管理计划和管理台账制定技术导则》，用以指导危险废物产生单位制定危险废物管理计划。危险废物的收集、运输、贮存、利用和处理处置业务采取统一发给相应的经营许可证，即在工业固体废物申报登记掌握的基础上，针对从事收集、贮存、处置固体废物和危险废物经营的工厂企业，组织专家对其资质条件进行现场考评和严格的审核把关，满足要求的发放经营许可证，以此规范工厂企业从事危险废物利用处置经营。产废单位产生的工业固体废物要分类包装，对收集、贮存、利用和处置工业固体废物的设施和场所要设置统一的识别标志。

（3）**废物转移联单管理制度**

按照废物全过程管理原则，对废物从产生起，直至最终处置的每个环节都要实行监督管理,废物转移联单管理制度是体现这一管理原则的重要方面。实施废物转移联单管理制度的核心内容是,废物在其拥有者之间发生的每一次转移,都必须由废物提供者填写废物转移报告单,分送废物运输者、接受者及主管部门,同时执行废物交验、信息反馈制度。废物转移报告单填写栏目,包括产废者情况、运输者信息,接收废物者信息,包装及识别标志,废物特性、数量等。实施废物转移联单管理制度,明确废物产生者、收集者、运输者、处理处置者和主管当局在废物转移过程中的责任和义务,确保废物得到最终安全处置。在这些工作中,固体废物管理信息系统已成为固体废物管理中不可或缺的工具之一。

(4)豁免管理制度

由于危险废物的种类和性质千差万别,污染途径和污染程度等污染特性差异极大,采用单一的末端治理将难以达到污染控制的目的。实践表明,危险废物的管理应以污染风险控制理论为依据,采用全过程控制和分类管理的手段达到防治和抑制危险废物对环境和人体健康的危害。同时,对不同的危险废物应采用不同的污染风险控制手段,危险废物的豁免管理是危险废物管理的有效手段之一。

《国家危险废物名录》(2008 版)第六条规定:"家庭日常生活中产生的废药品及其包装物、废杀虫剂和消毒剂及其包装物、废油漆和溶剂及其包装物、废矿物油及其包装物、废胶片及废像纸、废荧光灯管、废温度计、废血压计、废镍镉电池和氧化汞电池以及电子类危险废物等,可以不按照危险废物进行管理。"但是,将这些废弃物从生活垃圾中分类收集后,其运输、贮存、利用或者处置,按照危险废物进行管理。此后,在《国家危险废物名录》(2016 版)和《国家危险废物名录》(2021 版)中,《危险废物豁免管理清单》逐步增加和细化,精细化管理得到更好的落实。

同时,《国家危险废物名录》(2021 版)进一步明确,对于未列入本名录附录《危险废物豁免管理清单》中的危险废物或利用过程不满足《危险废物豁免管理清单》所列豁免条件的危险废物,在环境风险可控的前提下,根据省级生态环境部门确定的方案,实行危险废物"点对点"定向利用,即一家单位产生的一种危险废物,可作为另一家单位环境治理或工业原料生产的替代原料进行使用,利用过程不按危险废物管理。

2.2.2　标准体系

1）国家生态环境标准体系

环境标准是国家环保法律法规的重要组成部分,是各级政府部门制定生态环境保护目标、开展生态环境管理的重要依据,也是企业进行污染治理、依法排污的主要依据。科学、协调、系统的环境标准体系对于支撑生态环境管理、提高生态环境管理效能具有重要意义。环境标准体系为工业固体废物管理制度的具体实施提供了指导和规范。

我国环境保护标准是与环境保护事业同步发展起来的,从 1973 年发布第一项国家环境保护标准《工业"三废"排放试行标准》(GB J4—73),历经近 50 年的发展,初步形成了较为完善的环境标准体系,全面覆盖水、大气、土壤、固体废物、噪声和辐射污染控制等领域,分为国家级标准和地方级标准两级。截至 2023 年,我国已发布 6 类共计 2 277 项国家生态环境标准,包括国家生态环境质量标准 16 项、国家生态环境风险管控标准 2 项、国家污染物排放(控制)标准 183 项、国家生态环境监测标准(生态环境监测分析方法标准、生态环境标准样品、生态环境监测技术规范)1 338 项、国家生态环境基础标准 50 项、国家生态环境管理技术规范 688 项。此外,各地结合实际印发了地方生态环境标准,截至 2023 年,向生态环境部提出备案登记的地方生态环境标准共计 352 项,主要包括地方生态环境质量标准、地方污染物排放标准和地方生态环境管理技术规范等类别。

2）工业固体废物环境标准体系

工业固体废物环境标准体系是我国生态环境标准体系的重要组成部分,涵盖固体废物鉴别、收集、贮存、转移、利用、处置、出口等环节。除了国家层面发布的法规、标准,一些地方省市也发布了地方性法规、规章作为危险废物管理的补充。

（1）固体废物鉴别

2007 年,我国发布了《危险废物鉴别标准 通则》(GB 5085.7—2007)等 7 项国家危险废物鉴别标准和 1 项环境保护行业标准《危险废物鉴别技术规范》(HJ/T 298—2007),2017 年发布了《固体废物鉴别标准 通则》(GB 34330—

2017），2019 年修订了《危险废物鉴别标准 通则》（GB 5085.7—2019）、发布了《危险废物鉴别技术规范》（HJ 298—2019），由此，我国危险废物的鉴别标准体系建立，危险废物的鉴别程序和鉴别规则及技术要求得到规范。根据国家现行标准 GB 5085.7，我国危险废物的鉴别方法主要有名录鉴别法、特性鉴别法和专家判断法 3 种，在该标准中还规定了危险废物混合后判定规则和处理后判定规则。《一般工业固体废物贮存和填埋污染控制标准》（GB 18599—2020）明确了Ⅰ类一般工业固体废物和Ⅱ类一般工业固体废物的定义，为Ⅰ类一般工业固体废物和Ⅱ类一般工业固体废物的鉴别提供了依据。

（2）工业固体废物的收集、贮存和运输

为了贯彻落实《固废法》中危险废物管理的应急预案制度，原国家环境保护总局发布了《危险废物经营单位编制应急预案指南》（国家环境保护总局公告 2007 年第 48 号），该指南规定了制定应急预案的原则要求、基本框架、保证措施、编制步骤、文本格式等，不仅适用于从事贮存、利用、处置危险废物经营活动的单位，产生、收集、运输危险废物的单位及其他相关单位制定应急预案也可参考该指南。

为了防止危险废物在贮存过程中造成的环境污染，2001 年我国发布并实施了《危险废物贮存污染控制标准》（GB 18597—2023），该标准规定了对危险废物贮存的一般要求和对危险废物的包装、贮存设施的选址、设计、运行、安全防护、监测和关闭等要求，适用于危险废物的产生者、经营者和管理者的所有危险废物（尾矿除外）贮存的污染控制及监督管理。《一般工业固体废物贮存和填埋污染控制标准》（GB 18599—2020）对一般工业固体废物贮存场所污染控制标准进行明确。为了进一步规范危险废物的收集、贮存和运输过程，2012 年原环境保护部发布了《危险废物收集、贮存、运输技术规范》（HJ 2025—2012），该规范结合国内现有法律、法规和标准的要求制定，更加清晰明确地规定了危险废物产生单位及经营单位在危险废物的收集、贮存和运输过程中所应遵守的技术要求，对于规范危险废物的收集、贮存、运输过程具有重要的指导作用。

（3）工业固体废物的出口

根据《巴塞尔公约》的规定，作为公约的缔约国禁止向《巴塞尔公约》非缔约方出口危险废物。我国产生、收集、贮存、处置、利用危险废物的单位，禁止向《巴塞尔公约》非缔约方出口危险废物，向中华人民共和国境外《巴塞尔公约》

缔约方出口危险废物,必须依据《危险废物出口核准管理办法》(国家环境保护总局令第 47 号)向国务院环境保护行政主管部门提出危险废物出口申请,取得危险废物出口核准后方可出口危险废物并接受监督管理,在出口危险废物时还需按规定填写、运行和妥善保管转移单据。

(4)工业固体废物的利用

"固体废物"实际上只是针对原过程而言的概念,在任何生产或生活过程中,对原料、商品或消费品,往往只利用了其中某些有效成分,而产生的大多数固体废物中,仍含有对其他生产或生活过程有用的成分,经过一定的技术环节可以转变为有关行业的生产原料,或者可以直接再利用。资源化是我国固体废物管理的原则之一。目前,针对特定的危险废物,我国已制定了一系列标准用以规范其综合利用过程中的污染控制,具体包括《废润滑油回收与再生利用技术导则》(GB/T 17145—1997)、《废矿物油回收利用污染控制技术规范》(HJ 607—2011)、《废铅酸蓄电池处理污染控制技术规范》(HJ 519—2020)、《铬渣污染治理环境保护技术规范(暂行)》(HJ/T 301—2007)、《废塑料污染控制技术规范》(HJ 364—2022),这类标准的制定对于工业固体废物的资源化和焚烧、填埋处置的减量化起着重要作用。

(5)工业固体废物的处置

处置是指将固体废物焚烧及用其他改变固体废物的物理、化学、生物特性的方法,达到减少已产生的固体废物数量、缩小固体废物体积、减少或消除其危险成分,或者将固体废物最终置于符合环境保护规定要求的填埋场的活动。我国危险废物的最终处置方式主要有焚烧处置和填埋处置两种。

早在 1991 年,为了加强对含多氯联苯废物的管理及治理,保护环境及人体健康,我国制定并发布了《含多氯联苯废物污染控制标准》(GB 13015—2017),该标准是我国第一个有毒有害废物污染控制标准,与同年发布的《防止含多氯联苯电力装置及其废物污染环境的规定》(国家环境保护总局、能源部〔91〕环管字第 050 号)一起对我国含多氯联苯废物的管理起着关键性的作用。2001年,我国制定并发布了《危险废物焚烧污染控制标准》(GB 18484—2020)和《危险废物填埋污染控制标准》(GB 18598—2019),分别适用于危险废物焚烧处置和填埋处置过程中的污染控制。为了指导危险废物处置设施的建立,2004 年国家环境保护总局编制并发布了《全国危险废物和医疗废物处置设施建设规划》

（环发〔2004〕16号）和《危险废物和医疗废物处置设施建设项目环境影响评价技术原则（试行）》（环发〔2004〕58号），前者对全国危险废物处置目标、原则、布局、规模、投资等进行了统筹规划，对我国危险废物处置设施的建立起着重要的指导作用。后者则为防止处置危险废物和医疗废物过程中产生的环境污染和生态破坏而明确了危险废物处置设施和医疗废物处置设施建设项目环境影响评价的技术要求。为了加强对危险废物和医疗废物处置项目的监管，2009年原环境保护部又发布了《关于加强〈全国危险废物和医疗废物处置设施建设规划〉项目竣工验收工作的通知》（环发〔2009〕22号）用以规范项目的竣工验收工作。针对水泥窑协同处置危险废物及其他固体废物技术的发展情况，2013年我国还制定并发布了《水泥窑协同处置固体废物污染控制标准》（GB 30485—2013）。

为了更好地实施这些污染控制标准，我国配套制定了一系列的技术文件和规范，包括《危险废物安全填埋处置工程建设技术要求》（环发〔2004〕75号）、《危险废物集中焚烧处置工程建设技术规范》（HJ/T 176—2005）、《含多氯联苯废物焚烧处置工程技术规范》（HJ 2037—2013）、《水泥窑协同处置固体废物环境保护技术规范》（HJ 662—2013）、《危险废物处置工程技术导则》（HJ 2042—2014）等和《一般工业固体废物贮存和填埋污染控制标准》（GB 18599—2020）。

2.3 经济手段

2.3.1 经济手段的类型

经济手段有多种不同定义，概括地讲，可以分为广义和狭义两种。广义的定义是同货币相关的，"如果经济手段中具有直接的财政方面的内容，则该手段可被视为经济手段"。狭义的定义则认为"某种手段只有在它利用或刺激了市场机制时，该手段才能被称为经济手段"。

一般来说，经济合作与发展组织认为，经济手段可以被划分为以下类型：收费/税收、补贴、押金-退款制度；建立市场、生产者责任延伸制度和执行刺激。

（1）**收费/税收**

收费的具体形式可以划分成以下5种类型。排污收费，即根据污染者排放到环境中的污染物的质或量(或者两者都考虑)来征收费用;使用者收费,为集体或公共利益处理污染物所花费而征收的费用;产品收费,向那些在生产和消费过程中产生污染的产品进行征收,或者为其处置系统的服务征收费用;管理收费,向管理机构提供服务(如规章制度的制定和执行)所支付的费用税收差异,实际上包括正的和负的产品收费,收费的制定是为了鼓励或组织与环境影响有关的产品和服务的行为方式。

目前,世界各国基本上都实行了排污收费或环境税制度来治理污染。我国也于 20 世纪 70 年代开始实施排污收费制度。排污收费制度是由政府首先给所有产生污染的企业确定一个污染税率,企业必须按照这一税率缴纳排污费。在市场机制的作用下,企业会根据自己的利润最大化原则来决定自己的污染物排放量和产品产量。

实行排污收费有许多优点:第一,实行排污收费制度,企业拥有一定的自主权。每个企业可以根据自己的边际控制成本在减排污治理与排污缴费之间进行选择,有利于激励企业实行清洁生产。第二,可以降低政府的监督、管理成本。从政府管理的角度讲,政府不再干涉企业具体的生产决策,只是确定企业从事的经济活动是否会导致污染,污染的量是多少。第三,排污收费是国家的财政收入,可以用于清洁生产补贴和建设公共的污染治理设施。

(2)补贴

补贴包括各种形式的财政资助,其目的是鼓励削减污染,或者是为削减所必需的措施提供资助。补贴的形式有 3 种:一是赠款;二是软贷款,指面向环境治理项目发放的优惠贷款,具有期限长、利率低等特点;三是税收补贴,主要指对于污染治理设备实行加速折旧,免税或者免费等措施。

(3)押金-退款制度

押金-退款制度的实质内容在于对可能造成污染的产品的销售征收附加费。当符合条件时,例如,把用过的或废弃的物品送到集中地,从而避免了污染,这笔费用可以退还。此制度一般由制造商自愿执行,在一些国家由政府强制执行。经济合作与发展组织(Organization for Economic Co-operation and Development,OECD)对该制度的解释是在那些有潜在污染的产品上征收附加费。如果用户把这些产品或产品的残留物返还到收集系统,从而使污染得以避免,用户缴纳的附加费将被返还。

（4）建立市场

建立市场意味着提供交易的机会或者创造交易的条件，交易对象一般为排污权或循环利用的物质。建立市场包括以下3种形式：

①排污交易。即建立与污染者进行有限的"污染权"交易的市场。这种方法允许在存在多个污染排放源的条件下，通过许可证交易可以使有些排放源突破原有的限额进行排放。交易的目的在于确保污染削减在污染者之间得到有效分配。排污收费与排污权交易都是建立在利用市场机制的基础上，但也离不开政府的作用。排污收费是由政府先确定排污收费的费率，再由市场去决定污染物排放的总量。排污权交易是先由政府确定污染物的排放总量，建立一个排污权的市场，再由市场决定排放的价格。

②市场干预。指通过价格干预来稳定或者维持某些产品，如可循环回收的废物的价格。《固废法》第一百条明确规定："国家鼓励单位和个人购买、使用综合利用产品和可重复使用产品。县级以上人民政府及其有关部门在政府采购过程中，应当优先采购综合利用产品和可重复使用产品。"

③责任保险。指创造一个市场，在这个市场中，污染者破坏环境的责任风险将由保险公司承担。《固废法》第九十九条明确规定："收集、贮存、运输、利用、处置危险废物的单位，应当按照国家有关规定，投保环境污染责任保险。"

（5）生产者责任延伸制度

生产者责任延伸（Extended Producer Responsibility，EPR）的思想，最早可追溯到瑞典1975年《关于废物循环利用和管理的议案》，该议案提出：产品生产前生产者有责任了解当产品废弃后，如何从保护环境和节约资源的角度，以适当的方式处理废弃品。生产者的责任从生产环节延伸至产品全生命周期的各个环节，包括产品生态设计和再生原料使用责任、清洁生产责任和废弃产品回收利用和处置责任。

《固废法》第六十六条明确规定："国家建立电器电子、铅蓄电池、车用动力电池等产品的生产者责任延伸制度。电器电子、铅蓄电池、车用动力电池等产品的生产者应当按照规定以自建或者委托等方式建立与产品销售量相匹配的废旧产品回收体系，并向社会公开，实现有效回收和利用。国家鼓励产品的生产者开展生态设计，促进资源回收利用。"生产企业对固体废物的资源化利用是我国无废城市的主要实现途径，具有显著的环境效益、经济效益和社会效益，有助于建立废物循环利用体系。

(6)执行刺激措施

这种手段主要用于对违章者的经济惩罚。执行刺激有两种方法:一种是违章收费,指向违章的污染者收费或者罚款;另一种是执行保证金,指当事人向政府机构缴纳一笔费用,当其管理符合规章、执行令人满意时,这笔费用即可退还。

例如,在一些国家的矿业环境管理中,采取了环境恢复保证金制度。环境恢复保证金制度这一经济手段的采用被视为是矿山环境管理的一个重要组成部分,其原因在于,它能够作为直接管制的有益补充,且具有很高的透明度,起到完善直接管制的作用。正因为如此,在一些发达国家,如美国、加拿大、澳大利亚等,为了确保矿业主履行其恢复义务,保证金制度普遍得以应用。而且为了给矿业公司提供更大的选择余地,各国都为保证金提供了许多种类,如银行担保、存款、信托资金、公司担保或母公司担保、信用证、采矿复垦合同协议、债券等。

通过保证金制度的实施能够刺激矿业公司主动去实现环境保护义务。合理要求矿业公司递交保证金将会使矿业公司主动去恢复由于他们本身开采行为所带来的环境损害。因为无论是自愿的还是政府责令要求其去修补环境损害的,这部分费用都由矿业公司自己承担,矿业公司必然会考虑费用效益之比,也必然会尽可能地利用内部资源去进行环境恢复,而不会像政府可能会让专门的复垦公司从事环境恢复。这就刺激了矿业公司靠自己进行环境恢复,而不是最终由政府来做。

从理论上讲,没有一种环境保护调节手段是完美的,每一种手段都有其优点和缺点。综合比较起来,一般来说,环境经济手段具有资源和环境保护的有效性(环保目标的可达性),实现环境目标的高效率(低成本),能产生持续的刺激作用(如激励污染者减少排放),并且有总体的公平性(负担与受益直接对应,补贴等经济手段例外)。

2.3.2　经济手段的实施和作用

目前,欧盟及美国的立法者们越来越倾向于运用经济手段来保护环境,以逐渐取代过去只注重命令型和控制型等硬性规定的做法。其原因在于:经济激励手段可以有效鼓励污染者尽可能地减少污染;用更少的成本取得与过去采用强制性命令同样的效果;消除政府在采用强制性命令时信息收集的重负;引导企业采用科技手段促使排污达标或进一步减少排污;为环境保护筹集资金。

经济手段的具体实施可以通过针对专门的工业固体废物采取专项经济手段和适用于所有类型工业废物的普适性手段两大类来分别实施。具体来讲,如针对所有工业固体废物实施的排污收费制度、排污权制度等属于普适性的经济手段,而电池税等属于专项经济手段。

环境税收的特点使其成为达到目的的理想工具:

①税收促使人们使用能源时能积极减少污染以减轻税负;

②税收为政府解决一些潜在的环境问题提供资金来源;

③税收有助于提高民众的环保意识;

④税收在很多方面促进环境公平,使污染者为其污染行为付出代价。环境税已被很多国家实践证明是一种行之有效的工具。

环保标签管理引导消费者使用对环境无害的产品以促进可持续性消费。例如,美国用能源的星形标签来识别节能的电子产品。1992年,在成员国成功实践的基础上,欧盟也规定了一些生态标签。欧盟委员会和各国代表基于对各种生产消费过程在环境影响的基础上将产品进行分类,并制定了无公害产品标准。迄今为止,欧盟委员会已经建立了15种产品标准,各国的产商可以根据标准来申请环保标签,申请获准后,产商可以将环保标签用于产品广告,从而促进消费者对环保产品的消费,进而减少整体污染水平。

第3章　工业固体废物综合利用发展历史与机遇

3.1　发展历史

工业固体废物在过去相当长的一段时期都被认为是污染物,在特定发展阶段,填埋处置是产废单位的主要选择。早在 20 世纪 50 年代,我国就开始了工业固体废物资源化利用的相关探索。受限于对工业固体废物范畴、资源属性的认识不足,加之技术水平限制,工业固体废物的管理处于持续探索阶段,综合利用推进缓慢。我国学者基于标志性事件的发生和重要制度文件的出台,将我国工业固体废物资源化利用分为 5 个发展阶段:探索治理阶段、治理起步阶段、以堆填为主阶段、贮用结合阶段及以用为主的资源化利用阶段。

3.1.1　探索治理阶段

该阶段主要是中华人民共和国成立后的恢复重建期,包括"一五""二五""三五"计划时期,从 1953 年延续到 1970 年。这一阶段政府针对工业固体废物的治理尚处于空白状态,无论是在污染防治方面,还是在资源综合利用方面,都处于既缺乏顶层设计,又没有具体政策法律指引的探索阶段。从国际范围来看,早期工业化国家在这一时期都处于经济高速发展、工业化快速推进过程中,工业固体废物问题凸显,工业固体废物治理和资源化利用随之也在这些国家展开。"四五"计划之前,我国国民经济处于重建与恢复期,工业发展缓慢,规模和整体水平不高,工业固体废物的处置与资源化综合利用都还没有开展的经济基础、技术水平和社会氛围。但是,中华人民共和国成立后,我国工业固体废物资源化利用的实践要早于相关政策法律的出台。但由于资源供给匮乏,在工业生产过程中,一线技术人员为节约资源积极开展工业固体废物资源化利用的实验和实践,同时相关科研机构和企业技术人员在工业固体废物资源化利用方面也积极开展了相关研究和实践,为之后的工业固体废物资源化利用奠定了技术和经验基础,如中国科学院土木建筑研究所在当时就已对粉煤灰在建筑材料中的应用进行了相关研究。生产重建是恢复重建期的重要工作内容,固体废物产生规模并未成为制约当时发展的瓶颈,且囿于当时工业生产技术水平,工业固体废物问题无论从污染角度,还是从资源化利用角度都尚未能引起社会各类主体的广泛关注,在缺乏正式规制的恢复重建期,工业固体废物治理处在无序和资源化利用的状态。

3.1.2　治理起步阶段

我国工业固体废物治理的起步阶段跨越了"四五""五五"和"六五"计划时期,共十余年。1972 年,联合国在斯德哥尔摩召开了第一次全球人类环境会议并通过了《人类环境宣言》,罗马俱乐部发行的《增长的极限》也成功引发了国际社会对资源耗竭和环境问题的广泛关注,发达国家早期工业固体废物治理理念也开始发生转变。如 20 世纪 80 年代后,德国废物管理的战略指导思想开始由早期单纯处理向着综合施治转变,开始重视源头控制和综合利用,进而实现有效控制污染和回收利用资源的目的,废物管理的内涵更加丰富(田贵全,1998)。1970 年前后,周恩来总理多次指示国家有关部门和地区切实采取措施防治环境污染,以工业废水、废渣、废气这"三废"为主的工业固体废物治理拉开了序幕。在新中国法律体系不健全的情况下,工业固体废物领域政策先行,发挥了重要的指引和规制作用。1973 年指导固体废物资源综合利用的文件《关于保护和改善环境的若干规定》,1979 年第一部环境污染防治基本法《中华人民共和国环境保护法(试行)》(简称《环保法》),以及 1984 年原国家环境保护局开始酝酿起草的《固体废物污染防治法》等政策和法律文件颁行,标志着我国完成了固体废物治理领域最初的建章立制工作,为我国固体废物治理工作进行了最初的顶层设计。我国这一阶段的经济发展在资源供给方面存在突出瓶颈,客观上要求工业生产要积极开展综合利用,提高资源利用效率,缓解资源紧缺。因此,出台的第一项环境保护文件在最初的顶层设计中就明确提出了"综合利用,除害兴利"的工作方针,尤其要对工业生产过程中排放的废渣开展综合利用,并在税收和价格上给予优惠。因此,工业固体废物最初的治理实际上强调的是资源"综合利用"为先,以"除害兴利"为目标导向,并确立了最初的"源头减量"和"综合利用"两个重要原则。同时,面对日渐突出的工业固体废物污染问题,1979 年我国出台了《环保法(试行)》,但该法是一部典型的污染防治法,针对固体废物污染环境问题予以规制,虽然法律文本也就资源综合利用提出了鼓励引导性条款,但并不是该法的核心。这一阶段,我国形成了红头文件指导资源综合利用和依法开展固体废物污染防治的模式。与此同时,国内的专业机构和组织也开始关注固体废物问题。1980 年 6 月开始,中国环境科学学会固体废物污染控制专业组成立并在北京积极开展筹备"固体废物污染控制大会"的相关工作。该组织成立的任务是组织工业固体废物利用和城市垃圾治理方面的学术活动,促进"固体废物污染控制"领域的学术交流和人才培养(中国环境科学学会办公室,1980)。此后有关固体废物污染、固体废物科技情报等领域的学术组织和交流活动陆续展开,为我国开展固体废物治理工作提供了专业技术方面的人才、信息储备和前期基础研究工作。

3.1.3　堆填为主阶段

我国工业固体废物治理以堆填倾倒为主的阶段跨越了"七五""八五""九五"计划时期,共十余年时间。1989 年,在瑞士巴塞尔,联合国环境规划署召开了大会并签署了《巴塞尔公约》。自此,国际范围内达成了旨在保护人类健康和环境免受危险废物和其他废物的产生、越境转移和处置造成不利影响的共识。与此同时,我国迎来了经济快速发展期,工业固体废物治理也并行不悖地沿着资源综合利用和污染防治两条路径开展着相关工作。以 1985 年《关于开展资源综合利用若干问题的暂行规定》、1989 年颁布了我国第一个资源综合利用发展纲要《1989—2000 年全国资源综合利用发展纲要(试行)》、1989 年《环保法》出台、1995 年《固废法》颁行等为标志,我国进入了以工业固体废物堆填为主的时期。这一阶段国家重视资源综合利用工作使得工业固体废物资源化利用取得了一定的成效。《关于开展资源综合利用若干问题的暂行规定》是国内有关资源综合利用的一个标志性专门文件,该文件将资源综合利用作为一项重要工作予以单列,提出建立资源综合利用的"三同时"制度,并后续配套出台了实施文件。第三、四次全国环境工作会议通过的《1989—1992 年环境保护目标和任务》《全国 2000 年环境保护规划纲要(试行)》《关于"九五"期间加强污染控制工作的若干意见》等,则以目标任务为引领,将我国工业固体废物治理的制度体系逐渐建立并完善起来。这一时期在已有的"三大环境政策"基础上进一步形成环境管理的"八项制度",成为固体废物污染治理的重要制度构成。"九五"时期,固体废物污染防治进一步推行清洁生产,制定了污染源达标排放验收办法,出台了一系列污染控制领域的环境标准等,强化了固体废物污染防治工作。立法层面,1989 年颁行的《环保法》将资源综合利用内容基本全部删减,全面强调了从污染治理角度开展环境保护,以末端治理和管控为底线,成为真正意义上的环境污染防治基本法,彰显了末端治理的治理理念。而这也直接导致了最初顶层设计在立法层面的改变,资源综合利用从环境保护工作中分离出去,与污染防治成为两项并列的工作予以分别推进。1995 年,针对日益严重的固体废物环境污染问题,我国《固废法》也历经了十年酝酿后经第八届全国人民代表大会常务委员会第十六次会议审议通过,拉开了我国固体废物治理新篇章。此外,针对突出的进口"洋垃圾"问题,1997 年的《中华人民共和国刑法》修正案增加了相应罪名,将重点放在了治理进口固体废物上(许良,2012),以最严厉的刑罚震慑不法行为。这一时期固体废物治理与我国经济高速增长期重叠,面对以经济发展为第一要务的目标指引,固体废物治理全面陷入了两难境地。这一阶段,我国明确了国家经委对资源综合利用工作开展组织协调监督检查工作,开启了资源综合利用、环境污染防治、节能减排、清洁生产、循环经济相互交织、多头并举的固体废物治理时期。政策与法律层面治理目标和路径的差异,导致工业固体废物治理工作在法律的引领下,全面走向了污染防治的方向;而以政策激励引导为主的工业固体废物资源化利用陷入了发展困境。以"三同时"制度为例,与环境污染治理设施"三同时"制度相比,资源综合利用"三同时"制度仅在政策中提及并没有得到切实有效的贯彻和落实。

3.1.4 贮用结合阶段

工业固体废物治理的贮用结合阶段覆盖了我国"十五"计划、"十一五"和"十二五"规划时期,共 14 年。国际方面,早期发达资本主义国家陆续完成工业化并进入后工业化时代,这些国家的工业固体废物基本实现了源头减量与全过程控制,资源化利用工业固体废物取得了显著规制效果。如德国 2000 年左右煤矸石总体利用率已达到 90% 以上,矿渣水泥占市场总销量的 30%。国内方面,我国处于社会经济高速发展时期,社会公众环境意识的觉醒使得发展不再是单一经济向度的发展。环境污染问题伴随着经济发展而产生,工业化进程加深了污染影响的广度和深度,并逐渐成为制约经济发展的瓶颈。19 世纪末 20 世纪初,循环经济理念从国际引入国内并很快得到国内高层领导、环保部门和相关专家学者们的认可和重视。我国也以试点方式,先后批准建立了生态经济试点省和循环经济试点省,部分市县也积极开展循环经济规划的编制和实施:2002 年出台了《中华人民共和国清洁生产促进法》;2008 年出台了《中华人民共和国循环经济促进法》,以立法确立和鼓励开展清洁生产和促进循环经济发展;2006 年,国务院同意并批复了由发改委牵头实施的“发展循环经济工作部际联席会议制度”,此后循环经济相关规划文件和分年度行动计划等在国家和地方各级政府中得以贯彻和实施。在发展战略层面,我国开始调整发展战略和指导思想。十六大之后,我国经济社会发展开始积极探索新型工业化道路,避免走传统工业化“先污染、后治理”的老路;十七大之后,在以人为本的科学发展观指引下,我国向着谋求建设资源节约型、环境友好型社会方向前进;十八大之后,生态文明建设成为执政方略,为未来的发展模式与方向提供了战略指引。与此同时,“十五”计划、“十一五”和“十二五”规划中也都将资源节约、生态环境保护问题进行重点安排。这一阶段,我国固体废物治理目标任务明确,通过出台法律法规、规划、专项规划和实施方案,对问题突出的大宗工业固体废物开展针对性治理,并通过开展循环经济试点项目和资源综合利用基地建设引领发展,促进工业固体废物资源化利用。这一阶段法律法规和政策文件密集出台,是我国工业固体废物建章立制的重要时期。国家针对大宗工业固体废物综合处理与资源化利用的关键技术及领域进行了资金支持,培育了一批具有自主知识产权的先进技术,企业在这方面的研究经费投入也逐年增加,资源循环利用科技创新体系逐渐形成。“十二五”时期,我国大宗工业固体废物逐渐改变了“堆储为主”的处理方式,开始转向综合利用为目标导向的治理(中国环境保护产业协会固体废物处理利用委员会,2014),并取得了一定的成效。此外,在可持续发展战略和科学发展观的指引下,我国还开展了禁止使用实心黏土砖工作,推动了工业固体废物的跨行业资源化利用工作,并以限制黏土等自然资源的开发利用倒逼工业固体废物资源化利用。

3.1.5　以用为主的资源化利用阶段

我国进入生态文明建设的新时期后,"十三五""十四五"及更远的未来。我国工业固体废物将转向以用为主的阶段,我国将实施全面节约战略,推进各类资源节约集约利用,加快构建废弃物循环利用体系。在全面推进生态文明建设的过程中,我国对固体废物管理和控制力度一直在加大,并已在"十三五"时期开始着力从"打地基"向"补短板"和"精细化"管理转变,"无废城市"建设深入推进,向着治理现代化的纵深阶段转变。"十四五"及未来一段时期,工业固体废物最终废弃量的最小化或近零将成为治理目标,工业固体废物的治理将会随着排污许可证工作的推进、在线监测能力的提升、数智化水平的赋能等,正式步入治理的攻坚期。这一阶段从制度到能力方面的全面提高为"十四五"及未来一段时间内工业固体废物以用为主的转型打下了基础、做好了准备。"十三五"时期,我国资源化利用工作在全面推进生态文明建设的大背景下,以清洁生产、循环经济为指引,通过"无废城市"建设、绿色发展、清洁生产、生态设计、绿色制造、绿色公路、绿色建材和新型墙体材料、绿色环保产业、战略性新兴产业、区域产业协同发展等在不同层面、不同行业得到推动,以重点区域流域、重点行业为切入点,开启了我国固体废物治理的新篇章,取得了一定的成绩。"十三五"以来,围绕固体废物领域我国密集发布数十项政策,积极推进固体废物治理,连续三年开展长江经济带固体废物专项整治行动,推动京津冀及周边地区、长江经济带、东北老工业基地等区域的工业固体废物资源化利用,固体废物治理工作迈出了坚实的步伐,也取得了显著效果。尤其是自 2018 年以来,生态环境部连续 3 年组织开展长江经济带"清废行动",共排查长江经济带 11 省(市),约 103 万 km^2,"基本消除了沿江、沿河违规倾倒、堆存固体废物的环境安全隐患,有效预防了长江沿线生态环境安全风险"。启动黄河流域"清废行动",排查范围覆盖 9 省、约 13 万 km^2,助力推动黄河流域高质量发展。上述政策文件的出台和行动的实施更进一步明确,在中国特色社会主义现代化建设从高速度工业化向高质量工业化转变的过程中,工业固体废物治理问题将成为衡量工业高质量发展的重要内容。以此为标志,我国工业固体废物治理迈入了一个新阶段。这一阶段,包括政策法律制度在内的治理体系构建提速。2016 年以来,国家层面以《中华人民共和国环境保护税法》《中华人民共和国环境保护税法实施条例》等为代表的固体废物政策法律制修订提速,地方层面表现在省市相关实施细则密集落地,固体废物政策法律体系趋于系统化。2018 年以来,党中央、国务院高度重视固体废物管理工作,开展了以"排污许可"一证式管理为核心的制度构建,以及资源综合利用评价制度体系建设。同时,坚持示范引领,继续深入推进试点和基地建设,积极带动资源化利用水平全面提升。但不可否认的是,多途径、高附加值、大规模的综合利用发展新格局仍有待技术和成本突破后的持续深化和形成。工业固体废物污染物标准体系已基本建立,但以循环经济指标体系和清洁生产指标体系为主要前期研究的工业固体废物资源综合利用指标体系仍未对现阶段的工业固体废物资源化利用工作形成强有力的支撑。在经历了长达 60 多年的治理历程后,我国工业固体废物治理取得了显著成效,职能部门分工愈加清晰,管理能力、水平和效率逐步提升;政府推动的工业固体废物资源化利用的试点和示范工作有序开展,技术研发和设备生产等有了一定的积累;推动工业固体废物资源化利用的相关政策法律制度体系基本形成,工业固体废物资源化利用市场已初步形成,未来的发展空间也已通过密集出台的政策法律法规逐步打开。

3.2　发展机遇

3.2.1　提高资源利用效率的现实需求

我国人口众多,自然资源分布不均衡,人均资源相对短缺,除煤炭、稀土等部分矿产资源可以实现自给外,铁矿、铜矿等金属矿资源对外依赖程度较高。工业固体废物具有资源属性,工业固体废物综合利用既可以替代一部分矿产资源开发,又彻底解决了部分环境问题。以含金属的工业固体废物为例。2021年,我国含铁锌的尘泥产生量约 9 500 万 t,其中铁含量为 2 000 万~5 200 万 t,锌含量为 130 万~180 万 t,钾含量为 40 万~50 万 t,金、银、铅等总含量约 72 万 t,若实现铁、锌尘泥的综合利用,将大幅减少原生矿产的开采。

我国明确提出了要加快推动绿色低碳发展,实施全面节约战略,推进各类资源节约集约利用,加快构建废弃物循环利用体系,全面提高资源利用效率。推进工业固体废物综合利用,是践行绿色发展理念的根本要求。

3.2.2 推进"无废城市"建设的必然选择

"无废城市"是以创新、协调、绿色、开放、共享的新发展理念为引领,通过推动形成绿色发展方式和生活方式,持续推进固体废物源头减量和资源化利用,最大限度地减少填埋量,将固体废物环境影响降至最低的城市发展模式,也是一种先进的城市管理理念。"无废"并不意味着不产生固体废物,也不等同于固体废物能够被完全资源化利用。在推进"无废城市"建设过程中,实现工业固体废物的有效资源化利用是一个至关重要的环节。

2020年,全国工业固体废物(含一般工业固体废物和工业危险废物)产生量为37.53亿t,提高工业固体废物利用率和管理水平是推进"无废城市"建设的重要内容。一方面,推动区域工业高质量发展,推动工业固体废物贮存处置总量趋零增长,是建设"无废城市"的重点任务之一;另一方面,"无废城市"建设中的工业固体废物领域涉及不同理念的有机融合、多个部门的通力合作,涉及范围广、主体多,难度大。推进工业固体废物综合利用,对"无废城市"建设具有重要意义。

3.2.3 实现减污降碳协同增效的重要手段

2020年9月,我国提出了2030年前实现碳达峰、2060年前实现碳中和的战略目标。固体废物污染防治,一头连着减污,一头连着降碳。根据联合国环境规划署的评估,通过改善固体废物的回收利用及处理处置,可使全球温室气体总排放量减少10%~15%。巴塞尔公约亚太区域中心对全球45个国家和区域的固体废物管理碳减排潜力相关数据分析显示,提升城市、工业、农业和建筑4类固体废物的全过程管理水平,可以使相应国家的碳排放量减少13.7%~45.2%(平均27.6%)。工业固体废物的综合利用与碳减排目标和路径协同,是实现减污降碳的重要手段。

第4章　一般工业固体废物综合利用

4.1　冶炼废渣综合利用

4.1.1　高炉渣的综合利用

1）高炉渣的产生及特性

高炉炼铁过程中产生的固体废物主要是高炉渣,高炉渣的产生量与矿石品位的高低、焦炭中灰分及石灰石、白云石的质量等因素有关,也与冶炼工艺有关。通常,高炉每炼 1 t 生铁会产生 300～900 kg 炉渣。

高炉渣的矿物组成与生产原料、冷却方式有关,碱性渣和酸性渣特性存在明显差异。碱性高炉渣主要是原矿碱金属含量较高,如进口矿,因含有一定量的 K_2O、Na_2O,产生的高炉渣随之呈碱性,碱性高炉渣主要矿物组成是黄长石,它是由钙铝黄长石($2CaO \cdot Al_2O_3 \cdot SiO_2$)和钙镁黄长石($2CaO \cdot MgO \cdot SiO_2$)组成的复杂固熔体,硅酸二钙($2CaO \cdot SiO_2$)的含量仅次于黄长石,其次是假硅灰石($CaO \cdot SiO_2$)、钙长石($CaO \cdot Al_2O_3 \cdot 2SiO_2$)、钙镁橄榄石($CaO \cdot MgO \cdot SiO_2$)、镁蔷薇辉石($3CaO \cdot MgO \cdot 2SiO_2$)和镁方柱石($2CaO \cdot MgO_2 \cdot 2SiO_2$)等。在弱酸性高炉渣中,尤其是在缓冷条件下,其结晶矿物相有黄长石、假硅灰石、辉石和斜长石等,全部聚结成玻璃体。此外,高钛高炉渣中主要矿物则是钙钛矿($CaO \cdot TiO_2$)、安诺石($TiO_2 \cdot Ti_2O_3$)、钛辉石($7CaO \cdot 7MgO \cdot TiO_2 \cdot 3.5Al_2O_3 \cdot 13.5SiO_2$)、巴依石等,锰铁高炉渣中的主要矿物是锰橄榄石($2MnO \cdot SiO_2$)。

高炉渣化学性能的差异,可归类为两个重要的指标,即化学成分和碱度。

从化学成分来说,高炉渣的主要化学成分与普通硅酸盐水泥相似,主要是 Ca、Mg、Al、Si、Mn 等的氧化物,部分渣体样品中含有 TiO_2、V_2O_5 等,由于矿石的品位及冶炼生铁的种类不同,高炉渣的化学成分存在差异。碱度通常是指高炉渣中碱性氧化物(CaO、MgO)和酸性氧化物(SiO_2、Al_2O_3)的质量比(M_0),即

$$M_0 = \frac{CaO\% + MgO\%}{SiO_2\% + Al_2O_3\%}$$

根据碱度的大小将高炉渣分为碱性渣($M_0 > 1$)和酸性渣($M_0 \leqslant 1$)。我国高炉渣大部分接近中性渣($M_0 = 0.99 \sim 1.08$)。

2)成品渣的种类

在生铁冶炼过程中,将液态渣处理成固态渣的方法不同,其成品渣的特性也不同,从而影响成品渣的后续利用处置。我国高炉成品渣主要有水淬渣、膨珠和重矿渣 3 种。

(1)**水淬渣**

用大量的水将高温熔渣急冷成粒,使其中的各种化合物来不及形成结晶矿物,而以玻璃状态将热能转化成化学能,这种潜在的活性在激发剂的作用下,与水化合可生成具有水硬性的凝胶材料,是生产水泥的优质原料。水淬工艺分为池式水淬和炉前水淬两种。

①池式水淬。用机车将熔渣罐牵引至水池旁,砸碎表层渣壳,将熔渣缓慢倒入水池中,熔渣遇水急剧冷却成粒状水渣。水渣用吊车装出放置在堆渣场,脱水后装车外运。池式水淬工艺设备简单可靠,耗水少。但会生成大量蒸汽、渣棉和 H_2S 气体,造成环境污染,同时大约有 15% 的黏罐渣壳不能水淬,需要专设渣罐、铁路专线等设施,该工艺已逐渐被淘汰。

②炉前水淬。在高炉炉台前设置冲渣沟或槽,熔渣在冲渣沟(槽)内被高压水淬冷却成粒,输送到沉渣池,水渣用抓斗抓出,堆放脱水后外运。

(2)**膨珠**

将高温熔渣在控制的水量和机械的配合作用下,急冷、膨胀并抛出成珠,珠内存有气体和化学能,除具有与上述水淬渣相同的活性外,还具有隔热、保温、质轻(松散容重 400~1 200 kg/m³)等优点,是一种很好的建筑用轻骨料和生产水泥的原料。

膨珠生产工艺是 20 世纪 70 年代发展起来的高炉渣处理技术,有炉前滚筒

法和炉外滚筒法两种。高温炉渣经渣沟流到膨胀槽上,与高压水接触后,开始膨胀,并流至滚筒上,被高速旋转的滚筒击碎甩出 2 ~ 20 m,冷却成珠落入膨胀池内。此工艺的优点是比水淬法用水量少,无须再加工;产品用途广,既可同水渣一样利用,也可做轻骨料,投资省、成本低。缺点是有渣棉产生,要有控制渣棉飞散的密封棚。

（3）重矿渣

将高温熔渣在空气中自然冷却或淋少量水加速冷却而形成的致密矿渣,称为重矿渣。重矿渣的性质与天然碎石相近,其块体容重大多数在 1 900 kg/m^{3}以上,抗压强度高于 49 MPa,矿渣碎石的稳定性、坚固性、磨耗率及韧度均符合工程要求,因此,可代替碎石用于各种建筑工程。

高炉重矿渣碎石是由高炉熔渣在渣坑或渣场通过自然冷却或淋水冷却形成致密的矿渣后,经挖掘、破碎、磁选和筛分等一系列加工步骤制成的石质碎石材料。该处理工艺有热泼法和渣场堆存开采法两种。

3）高炉渣的处理利用技术

（1）生产水泥

利用粒化高炉渣生产水泥是国内外普遍采用的技术。在苏联和日本,50%的高炉渣用于水泥生产,我国约有 3/4 的水泥中掺有粒状高炉渣。在水泥生产中,高炉渣已成为改进性能、扩大品种、调节标号、增加产量和保证水泥安定性的重要材料。目前,较常用的有以下几种:

①矿渣硅酸盐水泥。矿渣硅酸盐水泥是我国产量最多的水泥品种,它是由硅酸盐水泥熟料和粉化高炉渣加适量石膏磨细制成的水硬性胶凝材料,高炉渣掺入质量百分比为 20% ~ 70%。

②普通硅酸盐水泥。普通硅酸盐水泥是由硅酸盐水泥熟料、少量混合材料和适量石膏磨细制成的水硬性胶凝材料,活性混合材料的掺量按质量百分比不超过 5%,符合《用于水泥中的粒化高炉矿渣》(GB/T 203—2008)规定的水淬渣可作为活性混合材料,这种水泥质量好、用途广。

③石膏矿渣水泥。石膏矿渣水泥是由 80% 左右的高炉渣,加入 15% 左右的石膏和少量硅酸盐水泥熟料或石灰,经混合磨细制得的水硬性胶凝材料,此种水泥也称为硫酸盐水泥,有较好的抗硫酸盐侵蚀性能,但周期强度低,易风化起砂。

④钢渣矿渣水泥。钢渣矿渣水泥是由45%左右的转炉或平炉钢渣,加入40%的高炉水渣及适量的石膏磨细制成的水硬性胶凝材料,可适量加入硅酸盐水泥熟料改善性能,该水泥目前有225、275、325和425这4种标号。这种水泥以钢铁渣为主原料,投资少,成本低,但早期强度偏低。

（2）生产矿渣砖

用水泥生产矿渣砖的工艺较为简单,一般配比为水淬渣85%～90%、磨细生石灰10%～15%。矿渣砖适用于上下水或水中建筑,不适用于高于250 ℃的环境下。

（3）修筑道路

高炉水渣、重矿渣碎石可用作各种道路基层和面层,美国和德国将70%的高炉渣用于道路、机场的建设。实践证明,利用矿渣铺路,路面强度、材料耐久性及耐磨性方面都具有良好的效果,高炉重矿渣碎石摩擦系数大,用其所铺筑的矿渣沥青路面能达到很好的防滑效果。

（4）用作混凝土骨料

高炉重矿渣碎石用于混凝土工程在我国已有几十年的历史,矿渣碎石混凝土不仅具有与普通碎石混凝土相似的物理力学性能,还具有较好的保温、隔热、耐热、抗渗和耐久性能。现已广泛应用到500号及500号以下的混凝土、钢筋混凝土、预应力混凝土工程中。

（5）用于地基工程

采用高炉渣加固软弱地基是非常有效的方法。日本一般采用粒度20 mm以下的重矿渣或水淬渣加入少量石灰作为处理软弱地基的加固桩材料,我国早在20世纪30年代就使用高炉渣加固地基,中华人民共和国成立后使用更加普遍。仅武汉钢铁公司自1964年起,在地基工程中使用高炉渣就达5.0×10^5 t。实践证明,利用高炉渣作软弱地基加固材料,技术合理,安全可靠,施工方便,价格低廉。

（6）用作铁路道砟

高炉重矿渣具有良好的坚固性、抗冲击性和抗冻性,用它做铁路道砟可以同天然碎石一样使用,而且能适当吸收行车时产生的振动和噪声,承受重复荷载的能力很强。我国鞍山钢铁公司从1953年开始在铁路专用线上使用。在国家一级铁路干线——哈尔滨至大连线路上,鞍山钢铁公司采用碱性重矿渣铺设了一段长 60 m 的试验路,从 1967 年开始使用,几十年来未发现异常现象。

(7)用作轻骨料

膨胀矿渣珠的生产工艺取自膨珠,质轻、面光、自然级配好、吸音隔热性能好,用作混凝土骨料可节约 20% 左右的水泥。用膨胀矿渣配制的轻质混凝土容重为 1 400 ~ 2 000 kg/m³,抗压强度为 9.8 ~ 29.4 MPa,导热系数为 0.407 ~ 0.582 W/(m·K),具有良好的物理力学性能。

(8)生产矿渣棉

矿渣棉是以高炉渣为主要原料,加入白云石、玄武岩等调整成分和燃料,加热熔化后采用高速离心法或喷吹法制成的一种棉丝状矿物纤维,具有质轻、保温、隔声、隔热、防震等性能,可以加工成各种板、毡、管、壳等制品。

(9)利用高钛矿渣作护炉材料

高钛矿渣的主要矿物成分是钙钛矿($CaO \cdot TiO_2$)、安诺石($TiO_2 \cdot Ti_2O_3$)、钛辉石($7CaO \cdot 7MgO \cdot TiO_2 \cdot 3.5Al_2O_3 \cdot 13.5SiO_2$)、TiC、TiN 等,有些矿物的熔点极高,如 TiC 的熔点为 3 140 ℃、TiN 的熔点为 2 950 ℃。利用高钛矿渣作护炉材料就是利用钛的低价氧化物高温难熔性和低温时增加析出等特点,把它应用到普通高炉冶炼中,使渣铁适当"变稠",在冷却强度大、侵蚀较严重的部位自动沉积,使炉缸底结厚,减缓渣铁对炉缸炉底的侵蚀,从而达到护炉、延长高炉寿命、改善高炉指标的目的。

除上述主要用途外,高炉渣还可用来生产铸石、微晶玻璃、农用肥等。

4.1.2　钢渣的综合利用

1)钢渣的产生及特性

钢渣是炼钢过程中排出的熔渣,其组成包括铁水与废钢中所含的铝、硅、锰、磷、硫、钒、铬、铁等元素氧化后形成的氧化物;金属料带入的泥沙等;加入的造渣剂,如石灰、萤石等;作为氧化剂或冷却剂使用的铁矿石、烧结矿、氧化铁皮等;侵蚀下来的炼钢炉炉衬材料等;脱氧用合金的脱氧产物和熔渣的脱硫产物等。

钢渣是一种由多种矿物组成的固熔体,其性质与其化学成分有密切的关系。

①密度:一般为 3.1 ~ 3.6 g/cm³。

②容重:通过 80 目标准筛的渣粉,平炉渣为 $2.17 \sim 2.20 \ g/cm^3$、电炉渣约为 $1.62 \ g/cm^3$、转炉渣约为 $1.74 \ g/cm^3$。

③易磨性:由于钢渣致密,因此较耐磨。标准渣易磨指数为 1,高炉渣易磨指数为 0.96,而钢渣易磨指数仅为 0.7,钢渣比高炉渣较耐磨。

④活性:C_3S、C_2S 等为活性矿物,具有水硬胶凝性。当钢渣碱度即 $CaO/(SiO_3+P_2O_5)$ 大于 1.8 时,便含有 60% ~ 80% 的 C_3S 和 C_2S,并且随着碱度的提高,C_3S 含量也增加,当碱度达到 2.5 及以上时,钢渣的主要矿物为 C_3S。用碱度高于 2.5 的钢渣加 10% 的石膏研磨制成的水泥,强度可达 325 号。因此,C_3S 和 C_2S 含量高的高碱度钢渣,可作水泥生产原料和建材制品。

⑤稳定性:钢渣含游离氧化钙(f-CaO)、MgO、C_3S、C_2S 等,这些组分活性较强,碱度高的熔渣在缓冷时,C_2S 会在 1 250 ℃ 到 1 100 ℃ 时缓慢分解为 C_2S 和 f-CaO。C_2S 在 675 ℃ 时 β-C_2S 相变为 γ-C_3S,并且体积膨胀,膨胀率高达 10%。

此外,钢渣吸水后,f-CaO 消解为 $Ca(OH)_2$,体积将膨胀 100% ~ 300%,MgO 会变成 $Mg(OH)_2$,体积膨胀 70%。因此,含 f-CaO、MgO 的常温钢渣是不稳定的,只有 f-CaO、MgO 消解完或含量很少时才稳定。钢渣的不稳定性,使在处理和应用钢渣时必须注意以下几点:

a. 用作生产水泥的钢渣 C_3S 含量要高,因此在处理时最好不采用缓冷技术;

b. 含 f-CaO 高的钢渣不宜用作水泥和建筑制品生产及工程回填材料;

c. 利用 f-CaO 消解膨胀的特点,可对含 f-CaO 高的钢渣采用余热自解的处理技术。

⑥抗压性:钢渣抗压性能好,压碎值为 20.4% ~ 30.8%。

2)钢渣的种类

目前,我国采用的炼钢方法主要是转炉法、平炉法和电炉法。按炼钢方法不同,钢渣可分为转炉钢渣、平炉钢渣和电炉钢渣。按生产阶段不同,钢渣可分为炼钢渣、浇铸渣和喷溅渣。在炼钢渣中,平炉渣又可分为初期渣和末期渣(包括精炼渣和出钢渣),电炉钢渣又可分为氧化渣和还原渣。按熔渣性质不同,钢渣又可分为碱性渣和酸性渣。

①转炉钢渣。转炉钢渣是钢渣的主要成分。生产 1 t 转炉钢可产生 130 ~ 240 kg 钢渣。转炉钢渣的矿物组成取决于它的化学成分。当钢渣的碱度 CaO/

$(SiO_4+P_2O_5)$为 0.78~18 时,主要矿物为 CMS(镁橄榄石)、C_3MS_2(铁蔷薇辉石);碱度为 1.8~2.5 时,主要矿物为 C_2S(硅酸二钙)和 RO 相(二价金属氧化物固溶体);碱度为 2.5 以上时,主要矿物为 C_3S(硅酸三钙)、C_2S 和 RO 相。

②平炉钢渣。平炉炼钢周期比转炉长,分氧化期、精炼期和出钢期,并且每期终了都要出渣。氧化期排出的渣称为初期渣,精炼期排出的渣称为精炼渣,出钢后排出的渣称为出钢渣,精炼渣和出钢渣又合称为末期渣。

目前,每生产 1 t 平炉钢产生钢渣 170~210 kg,其中,初期渣约占 60%、精炼渣占 10%、出钢渣占 30%。

③电炉钢渣。电炉炼钢是以废钢为原料,主要生产特殊钢。电炉生产周期长,分氧化期和还原期,并分期出渣,分别称作氧化渣和还原渣。其特征是氧化渣中氧化钙含量低、氧化亚铁含量高,而还原渣则相反,电炉钢渣矿物组成规律与平炉钢渣相似。目前,生产 1 t 电炉钢会产生 150~200 kg 钢渣,其中,氧化渣约占 55%。

3)钢渣的利用技术

(1)用作钢铁冶炼熔剂

①用作烧结熔剂:烧结矿的生产需配加石灰作熔剂。转炉钢渣一般含 40%~50% 的 CaO,1 t 钢渣相当于 700~750 kg 石灰石。把钢渣加工成粒径小于 10 mm 的钢渣粉,便可替代部分石灰石直接作烧结配料用。配加量视精矿品位及含磷量确定,品位高、含磷低的精矿,可配加 4%~8%。

钢渣作烧结熔剂不仅回收利用了钢渣中的钙、镁、锰、铁等元素,还可提高烧结机的利用系数和烧结矿的质量,降低燃料消耗。

②用作高炉炼铁熔剂:把钢渣处理成粒径 10~40 mm 的粒渣来代替部分石灰石,替代数量视具体情况而定。

(2)生产钢渣矿渣水泥或作水泥的掺合料

①生产钢渣矿渣水泥:高碱度钢渣含有大量的 C_3S、C_2S 等活性矿物,水硬性好。把经过处理的钢渣与一定量的高炉水渣、煅烧石膏、水泥熟料及少量激发剂配合球磨,即可生产出与 425 号普通硅酸盐水泥指标相同的钢渣矿渣水泥。钢渣矿渣水泥具有水化热低、后期强度高、抗腐蚀和耐磨等特点,是理想的道路水泥和大坝水泥。

生产钢渣矿渣水泥,要求钢渣碱度 $CaO/(SiO_2+P_2O_5)$ 不低于 1.8,金属铁含量不超过1%, f-CaO含量不超5%,并不得混入废耐火材料等,杂质钢渣配入量不得少于34%,水泥熟料配入量不得超过20%。

②用作水泥掺合料:由于钢渣具有活性,因此,钢渣也可用作普通硅酸盐水泥的掺合料。掺和10%~15%钢渣生产的普通硅酸盐水泥,对水泥指标及使用均无不良影响,但原料较难磨。对用作水泥掺合料的钢渣的要求与生产钢渣矿渣水泥对钢渣的要求相同。

③生产钢渣白水泥:电炉还原渣含大量的 C_3S、C_2S,白度很高,与煅烧石膏和少量外加剂混合、研磨即可生产出符合325号水泥要求的白水泥。利用电炉还原渣生产白水泥,具有投资少、能耗低、效益高、见效快等优点,是钢渣的有效利用途径之一。

(3)**用作筑路与回填工程材料**

钢渣抗压强度高,陈化后性能已基本稳定。因此,可将陈化钢渣用作路基材料和回填工程材料,因钢渣具有活性,能板结成大块,用钢渣在沼泽地筑路,更具有优越性。

用钢渣作工程材料的基本要求是:必须是陈化后的钢渣,粉化率不得高于5%;要有合适的级配,最大块的直径不得超过300 mm,最好与适量的粉煤灰、炉渣或黏土混合使用。

(4)**生产建材制品**

把具有活性的钢渣与粉煤灰或炉渣按一定比例混合、磨细、成型、养生即可生产出不同规格的砖、瓦、砌块等建材制品。生产的砖与红砖的强度和质量相差不大。

生产建材制品的钢渣一定要控制好 f-CaO 的含量和碱度。

(5)**用作农肥和酸性土壤改良剂**

钢渣含有钙、镁、硅、磷、锰、硼等元素,并且其硅、磷氧化物的可溶性高,因此,可用作农用肥或土壤改良剂。

①钢渣硅肥。硅是水稻生长需要量大的元素,含 SiO_2 超过15%的钢渣,磨细至60目以下,即可作硅肥用于水稻田。一般每亩施用100 kg,可增产水稻10%左右。

②钢渣磷肥。含 P_2O_5 超过4%的钢渣,可作为低磷肥料用,相当于等量磷的效果,并超过钙镁磷肥的增产效果。

③酸性土壤改良剂。含钙镁高的钢渣,磨细后可作酸性土壤改良剂,并且也可利用钢渣中的磷等元素。

(6)回收废钢

钢渣中一般含有 7%～10% 的废钢,通过加工和磁选后,可回收这部分废钢中的 90%。

4.1.3　电解锰渣的综合利用

1)电解锰渣的产生及特性

目前我国已成为世界上电解锰生产第一大国,电解锰产能和产量均占全球 97% 以上。2018 年我国电解锰生产企业 49 家,产能 226 万 t,年产量 140 万 t。国外产量 4.36 万 t。电解锰生产过程中会产生大量的锰废渣,大概每生产 1 t 金属锰所产生的渣量为 8～10 t。随着碳酸锰矿资源的日益消耗,锰矿主流品位越来越低,将排放越来越多的电解锰渣,进一步加大电解锰渣处置的压力。电解金属锰生产工艺流程和产污节点如图 4.1 所示。

电解锰渣整体偏酸性,浸出液 pH 值范围为 5.85～7.15,典型锰渣的含水率为 19.54%～28.93%,平均值为 23.06%。电解锰渣颗粒细小,大部分锰渣粒径的分布主要集中在 125 μm 以下,小于 125 μm 的颗粒约占 70%,小于 75 μm 的颗粒约占 60%。锰渣主要元素组成为 O、Si、S、Ca、Al、Fe、Mn、K,8 种元素占比达到 97.16%～98.31%,其中 O 占比达到 47% 以上。电解锰渣氧化物以 SiO_2、SO_3、CaO、Al_2O_3、Fe_2O_3、MnO 为主,占比达到 92.48%～94.94%。电解锰渣主要矿物相分析,主要物质均为石英(SiO_2)、含水石膏($CaSO_4 \cdot 0.5H_2O$)、六氯合锰(Ⅱ)酸钾(K_4MnCl_6)、云母($KAl_2SiO_3AlO_{10}(OH)_2$)、三水磷酸氢镁($MgHPO_4 \cdot 3H_2O$)。热重性质上,在 40～200 ℃温度段,主要是 $CaSO_4 \cdot 2H_2O$ 和锰、NH_4^+-N 的复盐脱去结晶水、主要有机物的分解析出;在 450～550 ℃温度段,主要是 $CaSO_4 \cdot 2H_2O$ 转变为 β-半水硫酸钙,还有锰和 NH_4^+-N 的复盐分解;在 550～750 ℃温度段,$CaSO_4 \cdot 2H_2O$ 脱水转变为Ⅲ型无水硫酸钙,同时部分Ⅲ型无水硫酸钙转变成Ⅱ型无水硫酸钙;在 750 ℃之后,主要是碳酸盐的分解和Ⅲ型无水硫酸钙转变成Ⅱ型无水硫酸钙。电解锰渣扫描电镜(SEM)、X 射线衍射仪(XRD)、能谱仪(EDS)分析结果如图 4.2—图 4.4 所示。

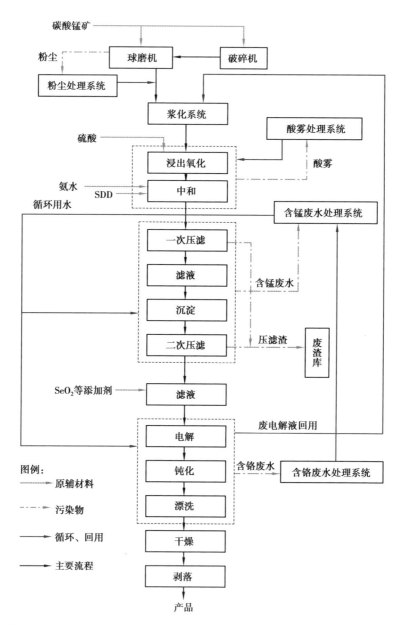

图 4.1　电解金属锰生产工艺流程图和产污节点

(a) 1 000倍　　　　　　　　　(b) 3 000倍

图 4.2　电解锰渣 SEM 图

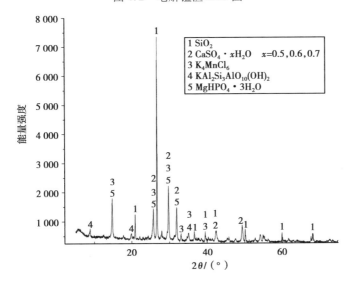

1 SiO_2
2 $CaSO_4 \cdot xH_2O$　$x=0.5, 0.6, 0.7$
3 K_4MnCl_6
4 $KAl_2Si_3AlO_{10}(OH)_2$
5 $MgHPO_4 \cdot 3H_2O$

图 4.3　电解锰渣 XRD 图

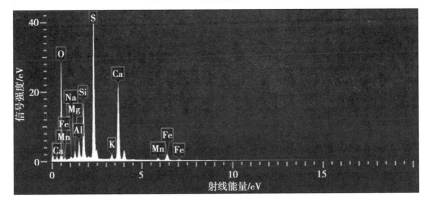

图 4.4　电解锰渣 EDS 图

2）电解锰渣综合利用

常见的资源化方式有电解锰渣中回收锰、制作水泥缓凝剂、制作建筑材料（如砖和路基）、肥料等方式。

（1）回收锰

由于压滤设备不能彻底实现固液分离，电解锰渣中残留了约30%的浸出液，电解锰渣主要形态中水溶态、可交换态、碳酸盐结合态占比达37%～56%。电解锰渣中硫酸锰残留占渣干重的1.5%～2.0%（以Mn计），锰资源损失达9%～13%。目前，提取电解锰废渣或低品位锰矿中锰的方法主要有物理化学法、机械力化学法和细菌浸取法等。锰的回收主要有生物法、酸性浸出法、水洗沉淀法等。

①生物法。利用硫氧化和铁氧化细菌浸出锰渣中的锰，并对锰的生物浸出机制进行了研究。研究结果表明：锰的浸出仅取决于非接触性机制；硫氧化细菌可以诱导可溶性 Mn^{2+} 的酸性溶解，锰的浸出率可达91.9%，而铁氧化细菌对不可溶的 Mn^{4+} 溶解浸出率仅有5.8%；硫氧化和铁氧化细菌联合使用确保了锰的最大化浸出。

②酸浸法。不同矿渣比、液固比、浸取pH、浸取温度和浸取时间等因素对锰浸取率的影响不同，最佳浸取条件为：矿渣质量比为3∶1、液固比为3∶1（g/mL）、浸取pH值为2.0、温度60 ℃、浸取时间为3 h，锰浸出率达42.38%。有学者用8-羟基喹啉、黄原酸钾等5种物质作浸取助剂，考察了超声辅助浸取锰渣中锰的工艺条件，结果表明：用1%柠檬酸作浸取助剂，在固液比为1∶4、酸矿比为0.3∶1、温度为70 ℃，超声浸取15 min，锰浸出率平均可达57.28%。使用盐酸和硫酸混合浸出液，配合超声波浸出浸取锰渣中的锰，最佳浸取条件为：当温度为333 K、颗粒粒径为0.2 mm、溶剂与锰渣之比为4 mL/g、浸出时间为35 min、柠檬酸用量为8 mg/g时，锰的浸出率达到90%。

采用硫酸溶浸电解锰渣，得到含有多种离子的 $MnSO_4$ 溶液，当固液比为1∶3、硫酸浓度为20%、酸浸温度为90 ℃、酸浸时间为3 h时，锰的最高浸出率可达到96%；经两步除杂法后，可得到纯度为91%的硫酸锰产品。采用两段氧化法，先加碱氧化得到 $Mn(OH)_2$，然后采用液相常压下氧化法、焙烧法（500～700 ℃）由 $Mn(OH)_2$ 氧化得到 Mn_3O_4。焙烧法所得的所有产物的总锰含量都相对较低，且很难得到均一相的 Mn_3O_4 产物，该产物常带有其他杂质锰氧化物，

如 Mn_2O_3。

③水洗沉淀法。采用清水洗渣-铵盐沉淀法从电解锰废渣中回收可溶性锰,探讨了沉淀剂用量、pH 值和絮凝剂浓度对 Mn^{2+} 回收率的影响。结果表明:当 $n(CO_3^{2-}):n(Mn^{2+})=1.3:1$,pH 值为7,絮凝剂浓度为 0.4 mg/L,沉淀 60 min 时,锰的回收率可达到99.8%以上,回收得到的含锰沉淀物中锰含量达到31%以上。有学者利用二氧化碳和氨水回收锰渣中可溶性锰,试验结果表明:当 $n(氨水):n(可溶性锰)$ 为 2.5:1、二氧化碳曝气流速为 50 L/h、曝气时间为 5 min、振荡时间为 60 min 时,可溶性锰回收率达75%以上;通过对沉淀物进行 XRD 分析,发现碳酸锰的纯度接近100%。

（2）锰肥

由于压滤设备不能彻底实现固液分离,电解锰渣中残留了约30%电解锰废渣,除了含残留的锰,还含有一定量的硫酸盐、氮、磷、钾和极少量的钙、镁、铁、锌、铬、钴、镍等,这些矿物质元素基本上都是农作物生长过程中所必需的元素。因此,可以利用某些方法将其制作成肥料。在我国,锰肥的研究相对较晚,但近年来,学者们开展了对这方面的大量研究,取得了显著成果。

（3）制作水泥缓凝剂

水泥是一种粉状水硬性无机胶凝材料,加水搅拌后会很快硬化,由于生产施工的需要,常常需要延缓其凝结时间,现在一般通过掺入石膏来减缓水泥凝固的时间。锰渣含有低温合成的无水硫酸钙,其在水中的溶解度为 2.4 g/L,约高于二水石膏的溶解度 2.08 g/L,但其溶解速度略低于二水石膏。因此,从理论上分析可知,用锰渣代替或者部分代替石膏作水泥缓凝剂是可行的。

（4）制作路基材料

近年来,磷渣、粉煤灰用作铺路材料的研究颇为广泛,也取得了一定的应用,具有良好的社会效益和经济效益,但鲜见电解锰渣用作铺路材料的报道。锰渣是颗粒较细的粒化渣,具有活性材料成分,将其掺入混凝土砂浆中,能提高水泥混凝土的应用性能,若用作铺路材料,其潜在的社会经济效益非常巨大。有研究先利用石灰和粉煤灰稳定电解锰废渣的强度,当三者的配比为石灰8%、粉煤灰22%、锰渣70%时,二灰稳定锰渣的作用效果最明显,7 d 无侧限抗压强度为 1.15 MPa,28 d 达到 3.62 MPa。后面又进行了磷石膏对二灰稳定锰渣的增强作用的研究,研究结果显示,磷石膏对二灰稳定锰渣具有显著的加强效果,最佳配比为石灰 8%、磷石膏 6%、粉煤灰 16%、锰渣 70%，7 d 强度增至 1.61 MPa，28 d 达到 4.11 MPa。以上强度均达到了二灰稳定类材料作为高速公路和一级公路路面基层材料的标准要求，证明了电解锰废渣用作铺路材料的可行性。

（5）制砖

电解锰渣含有 Si、Ca、Fe 和 Al 等元素，主要以 SiO_2、CaO、Fe_2O_3、Al_2O_3 的形式存在，加之电解锰渣为颗粒较细的粒化渣，这些因素都使锰渣满足制砖的基本条件。在制作黏土砖时掺入一定量的锰渣，制成的砖具有很好的强度和美观的外形。近年来，许多国家陆续颁布法令禁用黏土砖，这让电解锰渣能否成为新型的造砖材料受到越来越多的重视和关注。学者们做了大量这方面的研究，发现锰渣制砖方面的可行性，并且由于制砖方法的不同，锰渣能制成各种性能的砖，如免烧砖、烧结砖、陶瓷砖、蒸压砖、保温砖等。

4.1.4　碳酸锶渣的综合利用

1）碳酸锶渣的产生及特性

锶及锶盐广泛应用于电子、化工、冶金、军工、功能材料和烟火制造等各领域。其中，工业碳酸锶用于彩色电视机玻壳、磁性材料及光学玻璃制造。高纯碳酸锶主要用于电子元件生产。氯化锶主要用于制造电视显像管的红色发光剂、光学玻璃、烟火制造、电解金属钠的助熔剂以及用作有机合成的催化剂。我国锶矿储量全球第一，锶矿产量占全球比例过半，是全球锶及锶盐产品的主要生产国。碳酸锶是锶盐的主要工业产品，在生产过程中会产生大量锶渣，每生产 1 t 碳酸锶产品将产生大约 2.5 t 的锶渣，据估计，我国每年产生锶渣高达 400 万 t。碳酸锶生产工艺流程如图 4.5 所示。

由碳酸锶生产工艺可知，碳酸锶渣中的主要有害物质为天青石中未还原的 $SrSO_4$，天青石中伴生的重金属（如 Ba、Ni 等），以及焙烧和水浸反应产生的产物，包括 SrS、$Sr(OH)_2$、$Sr(HS)_2$。因此，锶渣中可能存在的特征污染物包括 Sr、重金属和硫化物，如 SrS、$Sr(OH)_2$ 和 $Sr(HS)_2$，可能具有的危害特性为毒性以及 SrS 和 $Sr(HS)_2$ 遇酸反应生成 H_2S 的反应性。

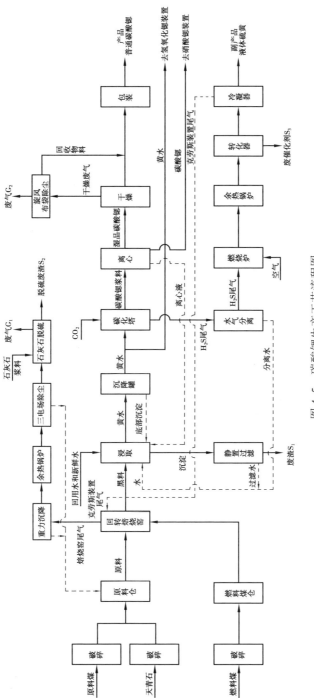

图 4.5　碳酸锶生产工艺流程图

2）碳酸锶渣综合利用技术

（1）用作路面基层、底基层和筑路

锶渣物理特性研究表明,其在路面地层、基层混合料中是较好的骨架和填充材料。在道路基层采用石灰石、水泥两种无机结合料与锶渣组成半刚性路面基层混合料铺筑试验路段。一年后,对水泥、石灰和锶矿废渣混合料路基两侧 5 m 范围内的土壤取样进行硫化物的检测,结果表明 SO_3 含量较锶矿废渣的 26.87% 含量低,并观察到路基两侧的土壤比较松散,无板结、盐渍现象,两侧的农作物和杂草颜色苍翠,生长良好。

（2）回收氯化锶和硝酸锶

来自浸取工艺的锶废渣尚有一定的锶含量。天青石在炭化时,因为还原不足造成一部分硫酸锶转化成碳酸锶、硅酸锶、铁酸锶、铝酸锶等不溶于水的锶盐,所以可以用 HCl、NH_4Cl 和 NH_4NO_3 浸取锶矿废渣,从中回收以上各种锶盐。这种回收锶盐的方法可与目前采用碳还原法生产锶盐的工艺配套,从废渣中回收的氯化锶和硝酸锶溶液可以返回主流程或直接作为原料生产氯化锶或硝酸锶晶体。

（3）用作水泥配料

锶渣总体上是经过高温焙烧和水急冷处理的,与粉煤灰、高炉煤渣、人工火山灰基本属一类,属于 $CaO_2 \cdot SiO_2 \cdot 2Al_2O_3$ 的三元系统,因此,可参照粉煤灰制水泥方法,按适当比例配制水泥。

（4）废水处理

采用酸处理和加热的方式对二次锶渣进行活化,活化二次锶渣处理含铬废水时,在含铬废水与二次锶渣的体积质量比为 25 mL/g,pH = 10,温度为 40 ℃,处理时间为 60 min,此时六价铬去除率可达到 82.5%。

（5）制备锶铁氧体

锶铁氧体（$SrFe_{12}O_9$）又称为氧化硒铁,是一种典型的永磁铁氧体材料,它以其较强的矫顽力、较大的饱和磁化强度,稳定的化学性能、耐磨和抗腐蚀性能等,良好的单轴磁晶各向异性,以及优良的性价比在永磁材料中占有重要地位,并在汽车、电子、微波、磁光等行业得到广泛应用。制备铁氧体粉的方法繁多,如陶瓷法、玻璃晶化法、有机树脂法、金属有机物水解法、化学沉淀法、水热法、溶胶-凝胶法、熔盐合成法等。

4.1.5　稀有金属冶炼渣的综合利用

1）稀有金属冶炼渣的产生及特性

稀有金属是指在地壳中含量稀少、分散、不易富集成矿、难以冶炼提取的一类金属。稀有金属有 40 多种,按照它们的物理性质、化学性质、贮存状态和提取工艺的不同,又可分为 5 个亚类:稀有轻金属,包括锂、铍等;稀有难熔金属,包括钨、钼、铌、钽、锆等;稀有分散金属,包括镓、铟、锗、铊等;稀土金属,包括钪、钇、镧等;稀有放射性金属,包括钍、铀等。

稀有金属生产由于原料成分复杂、来源变化大,金属之间的分离和提取较困难。从稀有金属原料到生产出高纯金属一般要经过原料的分解、稀有金属纯化合物的提取、从纯化合物生产金属或合金、高纯金属的制取 4 个阶段。在稀有金属冶炼过程中会产生多种固体废物,采用湿法冶炼时有酸浸渣、碱浸渣、中和渣、铜矾渣、硅渣、铝铁渣等;采用火法冶炼时有还原渣、氧化熔渣、氯挥发渣、浮渣、废熔盐及烟尘等。

2）稀有金属冶炼渣的综合利用技术

（1）钨渣的综合利用

株洲硬质合金厂钨冶炼系统,在 20 世纪 80 年代中期前采用苏打烧结工艺生产半成品三氧化钨,后改为碱压煮工艺生产钨酸铵和蓝钨,金属回收率和产品质量均有很大提高,从而减少污染。

苏打烧结工艺生产三氧化钨排放的钨渣以氧化物的形式存在。碱压煮工艺排出的钨渣以氢氧化物的形式存在,但在采用火法工艺进行综合利用时要灼烧成氧化物。每生产 1 t 钨的氧化物,排出钨渣约 0.5 t,近 10 年每年排放钨渣约 1 400 t。

对钨渣的综合利用主要有两个方面:回收其中的有价金属、将钨渣作为矿物原料生产耐磨材料等新型材料。有价金属的回收以 W、Fe、Mn、Nb、Ta 等为主,具有较好的经济效益。

（2）钼渣的综合利用

株洲硬质合金厂以钼精矿为原料,采用湿法冶炼生产各种钼酸盐、钼的氧化物、纯金属钼粉、纯金属钼等制品过程中,钼渣的产出量一般为钼精矿量的

20% 左右。钼渣中钼占 15% ~ 20% ,其中可溶性钼占 4% ~ 6% 、不溶性钼占 11% ~ 14% ,不溶性钼有 $PbMoO_4$ 、$CaMoO_4$ 、$FeMoO_4$ 等。

钼渣处理工艺流程采用酸分解法——用盐酸将钼渣中难溶钼酸盐分解,使钼呈钼酸沉淀,再用硝酸将钼渣中的 MoS_2 氧化分解成钼酸沉淀。Fe、Ca、Pb 等杂质生成氯化物进入溶液,硫以硫酸的形式进入溶液,从而使钼与可溶于酸的杂质分开。

钼渣酸分解法处理全程钼的回收率为 80.12% 。年处理钼精矿 540 t,产出钼渣 108 t,1 m^3 酸分解液可产氯化铵 200 ~ 250 kg。

生产过程中获得的氯化铵和尾渣都含有少量钼,是一种优质长效的化肥,其肥力不仅不低于尿素,而且肥效更持久。

4.2 粉煤灰综合利用

4.2.1 粉煤灰的产生及特性

粉煤灰是煤粉经高温燃烧后形成的一种似火山灰质混合材料,是冶炼、化工、燃煤电厂等排出的固体废物,是工业固体废物中产生量较大的一种。我国是一个以煤为主要能源的国家,随着经济的迅猛发展,对能源的需求量也迅速增长,粉煤灰的产生量也迅速增加。现我国每年粉煤灰排放量已超过 3 亿 t,利用率约 30% ,将大量粉煤灰堆放在灰场中,粉煤灰再资源化已成为我国亟待解决的问题。

粉煤灰的主要来源是以煤粉为燃料的火电厂和城市集中供热锅炉,其中 90% 以上为湿排灰,活性较干灰低,且费水、费电、污染环境,也不利于综合利用。为了更好地保护环境并有利于粉煤灰的综合利用,考虑到除尘和干灰输送技术的成熟,干灰收集应成为今后粉煤灰收集的发展趋势。

我国多数大中型电厂粉煤灰的化学成分和含碳情况与黏土相似。其化学成分与黏土很相似,但其二氧化硅含量偏低,三氧化二铝含量偏高。含碳量少于 8% 的占 68% ,随着锅炉燃烧技术的提高,含碳量趋向进一步降低。粉煤灰的细度因煤粉细度、燃烧条件和除尘方式不同而异,多数电厂粉煤灰细度为 4 900 孔筛筛余 10% ~20%。各电厂粉煤灰容重差异较大，一般为 700 ~ 1 000 kg/m³。

粉煤灰的活性值为掺 30% 原状粉煤灰的水泥砂浆强度与同龄期的纯水泥浆强度的比值。北京市建筑材料研究所曾对全国大中型电厂粉煤灰活性进行过测试。

4.2.2 粉煤灰的综合利用

目前，我国粉煤灰综合利用技术主要有以下几种：

（1）用作建筑材料

粉煤灰用作建筑材料，是我国粉煤灰的主要利用途径之一，包括配制水泥、混凝土、烧结砖、蒸养砖、砌砖和陶粒等。

粉煤灰建筑材料的性能与传统建筑材料相比有许多优点。如粉煤灰加气混凝土，其干容重只有 500 kg/m³，不到黏土砖的 1/3；热导率为 0.11 ~ 0.13 W/(m·K)，约为黏土砖的 1/5，具有轻质、绝热、耐火等优良性能。

粉煤灰水泥是由硅酸盐水泥和粉煤灰加入适量的石膏磨细而成的水硬性胶凝材料。粉煤灰中含有大量活性 Al_2O_3、SiO_2 和 CaO，当其中掺入少量生石灰和石膏时，可生产无熟料水泥，也可掺入不同比例熟料生产各种规格的水泥。以水泥熟料为主，加入 20% ~40% 粉煤灰和少量石膏可磨成粉煤灰硅酸盐水泥，其中也允许加入一定量的高炉水淬渣，但粉煤灰与水淬渣的混合材料的掺入量不得超过 50%，其标号有 225、275、325、425 和 525。粉煤灰水泥具有水化热低、抗渗和抗裂性能好等优点。该水泥早期强度不高，但后期强度高，能广泛用于一般民用、工业建筑工程、水利工程和地下工程。

粉煤灰混凝土是以硅酸盐水泥为胶结料，以砂、石子等为骨料，并以粉煤灰取代部分水泥，加水拌和而成。刘家峡等大型水利工程中曾采用粉煤灰混凝土，实践表明，粉煤灰能减少水化热、改善和易性、提高强度、减小干缩率，从而有效改善混凝土的性能。

粉煤灰的成分与黏土相似，可以替代黏土制砖，粉煤灰的加入量可达 30% ~80%。粉煤灰烧结砖比普通黏土砖轻 15% ~20%，导热系数只有黏土砖的 70%。我国已有 50 多条粉煤灰烧结砖生产线，年产砖近 50 亿块。

粉煤灰蒸养砖是以粉煤灰为主要原料，掺入适量骨料、生石灰及少量石膏，经碾炼、成型、蒸气养护而成。粉煤灰的掺入量为 65% 左右，制成品一般可达

100～150 号,但抗折性较差。

粉煤灰陶粒性能优于天然轻骨料,用其配制的混凝土不仅容重小,而且具有保温、隔热、抗冲击等优良性能,在高层建筑、大跨度构件和耐热混凝土中得到应用。

(2)用作土建原材料

粉煤灰能代替砂石和黏土,可用于公路路基、修筑堤坝。粉煤灰成分及其结构与黏土相似,它与适量石灰混合,加水拌匀,碾压成二灰土。目前,我国公路常采用粉煤灰、黏土、石灰掺合作公路路基材料。掺入粉煤灰后路面隔热性能好,防水性和板体性好,便于处理软弱地基。

由于粉煤灰能降低水化能、提高和易性和防渗性,利于远距离泵输,后期强度高,因而广泛应用于水利工程和大型建筑工程中,如我国三门峡等水利工程、北京亚运工程等,均大量掺用了粉煤灰,一般掺用量为 25%～40%,不仅节约了大量水泥,而且提高了工程质量。

(3)用作填充土

煤矿区因采煤后易塌陷,形成洼地,利用粉煤灰对矿区的煤坑、洼地等进行回填,既能降低塌陷程度,处理掉大量粉煤灰,还能复垦造田,减少农户搬迁,改善矿区生态。粉煤灰可以调节粗粒尾砂的级配,改善黏土质尾砂的通水通气性能,如广西苹果铝业公司尾砂黏土复垦土层板结,掺入适量粉煤灰后,其透气透水与保水性能得到明显改善。

(4)用于农业生产

粉煤灰因其良好的理化性能,使其能广泛应用于农业生产。它适用于改造重黏土、生土、酸性土和碱盐土,能弥补这些土壤的黏性、酸性、板结和贫瘠等缺陷。当这些土壤掺入粉煤灰后,不仅容重降低、孔隙度提升,而且透水和通气性得到明显改善,酸性土壤得到中和。此外,粉煤灰还能改善土壤的团粒结构,并具有抑制盐、碱的作用,从而利于微生物生长繁殖,加速有机物的分解,从而提高土壤的有效养分含量和保温保水能力。这些变化最终能增强作物的防病和抗旱能力。

粉煤灰含有大量的可溶性硅、钙、镁、磷等农作物必需的营养元素。当含有较高的可溶性钙镁时,可作为改良酸性土壤的钙镁肥;当含有大量的可溶性硅时,可作硅肥;若含磷量较低时,也可适当添加磷矿石等,经焙烧、研磨制成钙镁磷肥;添加适量石灰石、钾长石、煤粉等,经焙烧研制可制成硅钾肥。此外,粉煤灰含有大量 SiO_2、CaO、MgO 及少量的 P_2O_5、S、Fe、Mo、B、Zn 等有用成分,因而也被用作复合微量元素肥料。

利用电磁场处理含 Fe_2O_3 近 10% 的粉煤灰,可获得磁化粉煤灰。磁化粉煤灰施入土壤后,能增加磁性,促进土壤微团聚体的形成,改善土壤结构和孔隙,提高通气、通水和保水能力,疏松土壤,降低容重,提高土壤的宜耕性,促进土壤氧化还原反应,从而有利于有机组分的矿质化,提高营养元素的有效态。磁化粉煤灰还可影响植物生长,使根系稳定,促进细胞的分裂和生长,从而提高农作物的产量。

粉煤灰中含有 Zn、Mo、Fe、B、Mg 等微量元素,可参与植物的生物化学过程和酶的作用,影响植物的代谢和蛋白质、糖类、淀粉的合成。土壤中掺入粉煤灰可增强植物的防病抗虫能力,从而起到施加农药的效果。如粉煤灰可有效防止水稻因缺少硅、硫等而出现的稻瘟病;粉煤灰中的 Mo 可防止小麦锈病等。

粉煤灰具有密度低、流动性好、不结块、不吸潮、多微孔、高表面积和高吸附性能等优点,可均匀吸附、贮存、分布农药,使药效稳定,常被用作农药填料或农药载体。

(5) 分选、回收有用物质

粉煤灰含有氧化硅、氧化铝、氧化钙、氧化铁、未燃尽碳、微珠等。此外,还可能富集许多稀散元素,如 Ge、Ga、Ni、V、U 等。粉煤灰的主要矿物有石英、莫来石、玻璃体、铁矿石和碳粒等,是一种潜在的矿物资源。从粉煤灰中回收金属矿物,既可节省开矿费用,保存矿物资源,又能达到防治污染、保护环境的目的。因此,各国都很重视粉煤灰金属矿物资源利用技术的研究。目前,较常用的方法有电磁选、水浮选、化学选矿等。

①铁、铝、硅化合物。粉煤灰中的铁可用矿选法回收。辽宁电厂磁选车间,应用磁场强度约 1 000 A/m 的磁选机,从含铁量 5% 的粉煤灰中得到含铁 50% 以上的铁精矿,铁的回收率大于 40%。用化学法回收铁铝等物质,主要有热酸淋洗、高温熔融、气-固反应及直接溶解等方法。盐酸直接淋洗提取铁铝,是将粉煤灰在 100 ℃ 左右的盐酸中溶解 2 h,溶解的氯化物通过一系列离子交换提纯。氧化铝的溶出率仅约 20%。用氟化物助溶法,能增强粉煤灰中 Al_2O_3 的活性,酸溶出率可达 36% ~ 50%。粉煤灰同石灰烧结,盐酸溶出,铁铝的浸出率大

于99%,同时制得的白炭黑(纳米 SiO_2)能达到通用级产品质量标准。粉煤灰与石灰石混合加水成型,常压蒸气养护,然后低温煅烧脱水和低温液相反应,最后用纯碱溶液提取氧化铝。这种方法的氧化铝溶出率为85%～92%,Al_2O_3 达一级品标准。

②锗、镓、硼。粉煤灰中的硼可用稀硫酸提取,控制最终溶液的 pH 为7.0,硼的溶出率为72%左右。浸出的硼溶液通过螯合树脂进行富集,然后使用2-乙基-1,3-己二醇萃取剂分离杂质,最终得到纯硼产品。将粉煤灰压成片状,并在一定的温度和气氛下加热分离锗和镓,其中,镓的回收率达80%左右。粉煤灰中的锗可用稀硫酸浸出,过滤,滤液中加锌粉置换,料液经过滤回收锌粒后,滤液蒸发,粉碎,煅烧,过筛、加盐酸蒸馏,然后经水解、过滤,得到 GeO_2,最后用氢气还原,即得到金属锗。

③未燃碳。一般粉煤灰中含碳量为5%～16%,粉煤灰中未燃碳较多,对粉煤灰建材(尤其是蒸养制品)的质量和对从粉煤灰中提取的漂珠质量有不良影响。粉煤灰中含可燃性碳高,会导致燃料资源损失,如湘潭电厂粉煤灰含碳量约16%,估计每年从粉煤灰中带走的纯碳约1.6万t。湖南株洲电厂建有一座年处理20万t粉煤灰的浮选脱碳车间,用柴油为捕收剂,松油为起泡剂,碳的回收率达85.6%。

(6)**用作环保材料**

粉煤灰因其特殊的理化性能而被广泛应用于环保产业。例如,用于垃圾卫生填埋填料;用于制造人造沸石和分子筛;利用粉煤灰制成絮凝剂,用作吸附剂。现在许多企业正致力于研究利用粉煤灰作为吸附剂处理各种工业废水,取得了不错的成绩,已经开展的废水处理包括含油废水、含铬等重金属废水和造纸厂废水等。

4.3　炉渣综合利用

炉渣燃烧设备从炉膛排出的灰渣(不含冶炼废渣),主要由煤炭燃烧产生,生活垃圾焚烧炉渣产生量也在逐步增加,不包括燃料燃烧过程中产生的烟尘。

4.3.1　燃煤炉渣的综合利用

1）燃煤炉渣的产生及特性

2020 年中国煤炭产量达 $3.9×10^9$ t,同年火力发电耗煤同比增长 0.8%,约占全国发电量的 72.8%。燃煤炉渣是煤炭燃烧后炉底排出的一种固体废弃物,包括块体、颗粒状的渣和粉末状的细灰 3 种类型。燃煤炉渣的主要化学成分见表 4.1。

表 4.1　燃煤炉渣主要化学成分一览表

主要化学成分	SiO_2	Al_2O_3	Fe_2O_3	CaO	K_2O	MgO
含量/%	35.21	22.93	7.25	5.13	2.08	1.23

燃煤炉渣主要由玻璃微珠、海绵状玻璃体、石英、氧化铁、硫酸盐等矿物质组成,此外,由于煤炭不完全燃烧,炉渣中还含有部分残碳。从燃煤炉渣的化学成分及其含量表中可以看出,该燃煤炉渣样品中的 Si、Al 元素总含量约占 58%,燃煤炉渣具有较好的吸附性能和活化性能。燃煤炉渣矿相主要由 SiO_2、Al_2SiO_5、Ca_2SiO_4 和活性 Al_2O_3 构成,即大部分 Si 元素以 SiO_2 和硅酸盐的形式存在,Al 元素以离子和氧化物的形式存在。燃煤炉渣粒径分布在 $10 \sim 1\ 000$ μm 之间,且大致服从正态分布,燃煤炉渣的比表面积大致为 700 m^2/kg,炉渣表面较为粗糙,形状不规则,呈层片状,具有多孔蜂窝状结构。

2）燃煤炉渣的综合利用

从 20 世纪 50 年代开始,我国开展对粉煤灰及炉渣的资源化利用,经历了"以储为主""储用结合""以用为主"等不同的发展阶段。发展初期,进展相对缓慢,但近年来,随着我国经济的不断向高质量发展转型,在国家产业政策的引导和科技创新资金的支持下,我国炉渣的利用领域不断拓宽,发展机制不断创新,技术水平不断提升,综合利用率也在不断提升。1985 年,原国家经济贸易委员会发布了《国家经委关于开展资源综合利用若干问题的暂行规定》,并印发了《资源综合利用目录》,鼓励开展固体废物的资源综合利用,将炉渣列为综合利用的产品之一。1994 年,国家技术监督局发布了《电厂粉煤灰渣排放与综合利用技术通则》(GB/T 15321—1994),规定了电厂粉煤灰和炉渣的分类、排放及储运技术,推动了粉煤灰渣的综合利用。2013年,国家发展和改革委员会发布了《粉煤灰综合利用管理办法》,将炉渣纳入粉煤灰的范畴,并提出了粉煤灰利用的综合管理要求,鼓励开展粉煤灰高附加值和大掺量应用。2018年,工业和信息化部发布《工业固体废物资源综合利用评价管理暂行办法》和《国家工业固体废物资源综合利用产品目录》,引导企业进行工业固体废物资源综合利用评价和享受税费减免,炉渣也被列入产品目录中。随着一系列政策及法律法规文件的实施,炉渣综合利用技术水平得到显著提升。

3)燃煤炉渣用作建筑材料

(1)**用作水泥混合材料**

磨细后的炉渣在化学成分、颗粒形状、形貌结构方面与粉煤灰大致相同,也具有一定的活性效应、形态效应、微集料效应,可以达到Ⅱ级以上粉煤灰的性能。因此,燃煤炉渣可作为水泥的混合材料,进行混凝土和砂浆的制备。

(2)**用作砂浆或混凝土的骨料**

炉渣颗粒粒径较大,经筛选后,在一定粒径范围内,炉渣可作为轻骨料制备砂浆或混凝土。将胶凝材料和炉渣按不同比例掺入70%粉煤灰的砂浆中,其强度等各项物理性质均能满足要求。炉渣作为混凝土骨料制备的混凝土,具有轻质高强等特点。

(3)**制备建材制品**

炉渣可作为骨料或掺合料制备陶粒、砖瓦、砌块、墙材、板材等,这也是大量回收利用炉渣的方式,而且炉渣能提高建材制品的某些使用性能。以炉渣和粉煤灰为主要物料,经脱水后,配以水泥等辅料,经陈化后加压成型,常温常压养护后即可获得免烧砖。在一定配合比下,炉渣玻化微珠混凝土砌块的导热性能及强度均优于黏土砖和加气混凝土砌块。以筛选后的合适粒径级配的炉渣为轻骨料,添加部分超轻质骨料和外加剂生产轻质复合隔墙板,炉渣掺量可保持在50%~60%。

(4)**用作筑路材料**

炉渣可代替砂粒,与石灰、粉煤灰、砂砾等材料混合,用于道路垫层和基层材料。此外,炉渣还可用于一些特殊土的改性,以提高路基的力学性能。随着大规模基础设施建设需求的增加,砂石料资源越来越少,水泥和建材行业需充分利用炉渣的价值,这仍是实现炉渣等工业固体废物大规模利用的重要途径。

(5)用作矿山回填材料

炉渣可作为回填材料充填矿山,这也是炉渣大宗利用的方式之一。采用炉渣作为膏体充填骨料进行煤矿充填开采,既能满足工艺要求,又具有材料来源充足、成本低廉以及安全环保等优势。炉渣也可以对矿山充填材料进行改性,改善其力学性能并获得良好的经济效益。

(6)废水处理

燃煤炉渣具有结构疏松、内部孔隙多的特点,且遇水后溶出的铝在水中形成的氢氧化物是良好的絮凝剂,对水中的重金属、有机物等都有吸附或絮凝作用。因此,燃煤炉渣常被作为一种吸附材料用于废水处理。此外,炉渣中的 CaO、MgO、K_2O 等碱性氧化物对酸性废水具有一定的中和作用。人们要开展这方面的理论研究并开发新产品,这些产品在污水处理领域有良好的应用前景。

(7)土壤改良

炉渣粒径较大、透气性较好,施入土壤后能改善土壤的孔隙性,使得土质疏松,有利于植物的营养吸收。通过添加炉渣对粉煤灰钝化污泥工艺进行改良处理,配制得到的人工土壤中有效态养分含量更高。另外,炉渣中含硅、钙等组分,利用炉渣做土壤肥料的研究也得到广泛关注。

(8)其他方式

除上述应用外,还有炉渣制备、微晶玻璃、化学原料、回收金属或矿物等高附加值方面的研究和应用。

4.3.2　生活垃圾焚烧炉渣的综合利用

1)生活垃圾焚烧炉渣的产生及特性

生活垃圾焚烧炉渣是生活垃圾焚烧的副产物,包括炉排上残留的焚烧残渣和从炉排间掉落的颗粒物固结,不包括锅炉飞灰(烟道灰)。焚烧 1 t 生活垃圾产生 200 ~ 250 kg 的炉渣,以日处理量为 1 000 t 的生活垃圾焚烧厂为例,1 年产生 7 万 ~9 万 t 的炉渣,炉渣中的重金属和溶解盐的含量低,按照一般工业固体废物管理。

原状炉渣呈黑褐色,风干后为灰色。含水率为 10.5% ~ 19.0% ,热灼减率为 1.4% ~ 3.5%,热灼减率低反映出其良好的焚烧效果。炉渣是由陶瓷和砖石碎片、石头、玻璃、熔渣、铁和其他金属及可燃物组成的不均匀混合物。大颗粒炉渣(>20 mm)以陶瓷/砖块和铁为主,两种物质的质量百分比随着粒径的减小而减小;小颗粒炉渣(<20 mm)则主要为熔渣和玻璃,其含量随着粒径的减小而增多,这主要是这些物质的物理性质和在炉排中移动时所受的撞击力不同而造成的。

炉渣中 Si、Al(实验中未测,但由其矿物组成可推知)、Ca、Na、Fe、C、K 和 Mg 是炉渣的主要组成元素。与飞灰相比,炉渣中的挥发性重金属(如 Cd、Hg、Pb 和 Zn)含量较低,其他重金属含量与飞灰相似(如 Ag、Co 和 Ni)或高于飞灰(如 As、Cu、Cr 和 Mn)。炉渣溶解盐量较低,仅为 0.8% ~ 1.0%,因此,炉渣处理时因溶解盐污染地下水的可能性较小。

2)生活垃圾焚烧炉渣的综合利用

(1)用作混凝土掺料

伴随着城市化进程的推进,混凝土作为主要建材之一,需求量巨大。开采使用集料的过程中需要消耗大量的矿石资源和能源,并且严重破坏生态环境,造成严重的污染。国内外建材行业的研究人员尝试利用生活垃圾焚烧炉渣来代替集料制备混凝土,分析对生活垃圾焚烧炉渣资源化利用的可行性,探索在制备混凝土过程中,最大限度地提高生活垃圾焚烧炉渣掺量的措施等。生活垃圾焚烧炉渣制备的混凝土制品进行重金属极限溶出和表面浸渍试验表明,混凝土对生活垃圾焚烧炉渣中的重金属有较强的固化作用,重金属极限溶出和表面浸渍均符合我国Ⅲ类地表水的要求。同时,在不同水灰比条件下,生活垃圾焚烧炉渣替代率对混凝土抗压强度影响不同,生活垃圾焚烧炉渣混凝土的抗压强度与普通混凝土的抗压强度发展趋势相同。从生活垃圾焚烧炉渣的化学成分、物理特性以及生活垃圾焚烧炉渣混凝土抗压强度、弹性模量、毒性特征等方面考虑,利用生活垃圾焚烧炉渣替代天然集料制备混凝土是可行的。

众多研究表明,生活垃圾焚烧炉渣与粉煤灰在理化特性上有许多相似之处,掺杂粉煤灰制备混凝土的技术已经相当成熟,故生活垃圾焚烧炉渣可作为胶凝材料(如水泥)或者骨料(如砂石)来制备混凝土。美国率先使用生活垃圾焚烧炉渣掺杂到混凝土中来铺筑道路。至今已完成的 6 项含垃圾焚烧炉渣混凝土的道路在自完工起的一年内均没有发生开裂现象,道路中的重金属含量均符合相关标准,混凝土固化重金属效果优异。

（2）**用作路基、路堤等的建筑填料**

用生活垃圾焚烧炉渣代替天然砂石骨料用作停车场和道路等的建筑填料,这种固体废物资源化利用方式在欧洲很受欢迎。生活垃圾焚烧炉渣的化学性质稳定,物理和工程性质与天然砂石骨料极为相似,并且颗粒级配效果良好,成本低,适宜作为建筑填料。

（3）**用作填埋场覆盖材料**

垃圾填埋场的覆盖层包括 5 个部分,由上到下分别是植被层、营养层、排水层、阻隔层和基础层。其中,基础层对整个覆盖系统起支撑、稳定的作用,常规的基础层材料为砂砾和土壤。因此,生活垃圾焚烧炉渣可用作覆盖层中的基础层。若将生活垃圾焚烧炉渣用作填埋场覆盖材料,无须经过任何处理工艺便可直接使用。因为填埋场本身就有防渗层和渗滤液回收装置,所以垃圾焚烧炉渣中的重金属和有机或者无机的有毒物质不会渗透到周围环境中危害人类健康。垃圾焚烧炉渣作为填埋场覆盖材料,经济实用,正逐渐被各国采用。

（4）**生产陶瓷**

生活垃圾焚烧炉渣中的主要化学成分是 SiO_2、Al_2O_3、CaO 等,可以替代黏土生产陶瓷。当加工陶瓷的温度大于 1 000 ℃时,炉渣可以很好地填充到陶瓷基体中。炉渣中的有机或者无机有毒物质会被高温分解,重金属也会固化到陶瓷基体中。当生活垃圾焚烧炉渣的掺量为 55% 时,制出的陶瓷砖的参数仍然符合相关标准。

4.4　煤矸石综合利用

4.4.1　煤矸石的产生及特性

煤矸石是多种矿岩组成的混合物,属沉积岩。主要岩石种类有黏土岩类、砂岩类、碳酸盐类和铝质岩类。煤矸石的岩石种类和矿物组成直接影响煤矸石的化学成分,如砂岩矸石 SiO_2 含量最高可达70%,铝质岩矸石 Al_2O_3 含量大于40%,钙质岩矸石 CaO 含量大于30%。

煤矸石的活性大小与其物相组成和煅烧温度有关。黏土类煤矸石加热到一定温度时(一般为 700~900 ℃),结晶相分解破坏,变成无定性的非晶体,使煤矸石具有活性。我国煤矸石的发热量多在 6 300 kJ/kg 以下,其中 3 300~6 300 kJ/kg、1 300~3 300 kJ/kg 和低于 1 300 kJ/kg 的各占 30%,高于 6 300 kJ/kg 的仅占 10%。各地煤矸石的热值差别很大,其合理利用途径与其热值高低有关。

4.4.2　煤矸石的综合利用

目前,技术成熟、利用量比较大的煤矸石资源化途径是生产建筑材料。

(1)制砖

煤矸石制砖包括用煤矸石生产烧结砖和作烧砖内燃料两个方面。

煤矸石砖以煤矸石为主要原料,一般占坯料质量的 80% 以上,有的全部以煤矸石为原料,有的外掺少量黏土。煤矸石经破碎、粉磨、搅拌、压制成型、干燥、焙烧制成煤矸石砖,焙烧时基本上无须外加燃料。

泥质和碳质煤矸石质软、易粉碎,是生产煤矸石砖的理想原料。煤矸石的发热量要求为 2 100~4 200 kJ/kg,过低时需加煤,过高时易使成砖过火,煤矸石需粉碎到粒径小于 1 mm 的颗粒占 75% 以上。用煤矸石粉料压制成的坯料塑性指数应为 7~17,成型水分一般为 15%~20%。许多砖厂生产的煤矸石砖抗压强度一般为 4.80~14.71 MPa,抗折强度为 2.94~4.90 MPa,高于普通黏土砖。

以煤矸石作烧砖内燃料,制砖生产工艺与用煤作内燃料基本相同,仅需增加煤矸石粉碎工序。

(2)生产轻骨料

适宜烧制轻骨料的煤矸石主要是碳质页岩和选矿厂排出的洗矸,矸石的含碳量不需过大,以低于 13% 为宜。烧制方法有成球法和非成球法两种。

①成球法是将煤矸石破碎、粉磨后制成球状颗粒,然后焙烧。将球状颗粒送入旋转窑,预热后进入脱碳段,料球内的碳开始燃烧,继之进入膨胀段,此后经冷却、筛分出厂。其松散容重一般约为 1 000 kg/m³。

②非成球法是把煤矸石破碎到一定粒度后直接焙烧。将煤矸石破碎到 5~10 mm,铺在烧结机炉排上,当煤矸石点燃后,料层中部温度可达 1 200 ℃,底层温度小于 350 ℃。未燃的煤矸石经筛分分离再返回重新烧结,烧结好的轻骨料

经喷水冷却、破碎、筛分出厂。其容重一般约为 800 kg/m³。

(3)生产空心砖

煤矸石制空心砖是由煤矸石胶结料和煤矸石粗细骨料制成的。煤矸石胶结料是用人工煅烧或自燃的煤矸石为骨料,加入少量石灰、石膏配成。煤矸石粗细骨料是指将煤矸石经过破碎、筛分等加工处理后得到的不同粒径范围的颗粒,分别用作混凝土或其他建筑材料中的粗骨料和细骨料。采用这种胶结料,并选用生矸石作粗细骨料,可生产煤矸石空心砖,或经振动成型、蒸汽养护而成的墙体材料。煤矸石空心砖生产工艺简单,技术成熟,产品性能稳定,使用效果良好。

(4)用作原燃料生产水泥

煤矸石和黏土的化学成分相似并能释放一定的热量,用其代替黏土和部分燃料生产普通水泥能提高熟料质量。这是因为前者比后者所需配入的生料活化能降低了许多,即用少量燃料就可提高生料的预烧温度,且前者中的可燃物也有利于硅酸盐等矿物的溶解和形成。此外,其生料表面能耗高,硅铝等酸性氧化物易吸收氧化钙,可加速硅酸钙等矿物的形成。

煤矸石用作水泥原燃料生产工艺过程与生产普通水泥基本相同。将原燃料按照一定的比例配合,磨细成生料,烧至部分熔融,得到以硅酸钙为主要成分的熟料,再加入适量石膏和混合材料,磨成细粉而制成水泥。

(5)用作水泥混合材料

煤矸石经自然或人工煅烧后具有一定的活性,可掺入水泥中作活性混合材料,与熟料和石膏按比例配合后加入水泥磨细。煤矸石的掺入量取决于水泥的品种标号,在水泥熟料中掺入 15% 的煤矸石,可制得 325～425 号普通硅酸盐水泥;掺量超过 20% 时,按国家规定为火山灰质硅酸盐水泥。

用煤矸石作混合材料时,应控制烧失量 $\leqslant 5\%$、$SO_3 \leqslant 3\%$,火山灰性试验必须合格,水泥胶砂 28 d 抗压强度比 $\geqslant 62\%$。

(6)用作筑路和充填材料

煤矸石是很好的筑路材料,有很好的抗风雨侵蚀性能,并可降低筑路成本。

(7)其他利用途径

由上述煤矸石的利用可知,煤矸石已取得了广泛应用。但是煤矸石的利用量与其产量相比还远远不够。除了继续加强研究上述应用途径,还应探索其新的利用途径。将煤矸石作混凝土掺合料使用具有良好的应用前景。因为煤矸石具有较高的活性,煤矸石水泥混凝土具有较好的抗冻、抗碳化、抗硫酸盐侵蚀和护筋功能;煤矸石水泥混凝土生成碱集料反应的可能性小于硅酸盐水泥混凝土。要将煤矸石全面推广作混凝土掺合料使用,还有待进一步深入研究。

4.5 尾矿综合利用

4.5.1 尾矿的产生及特性

有色金属选矿尾矿按其主要成分可分为三类:第一类是以含石英为主的尾矿;第二类是以含方解石、石灰石为主的尾矿;第三类是以含氧化铝为主的尾矿。尾矿的综合利用首先要考虑回收其中的伴生元素。用尾矿作建筑材料时,要根据尾矿的物理化学性质来确定其用途。一般来说,以石英为主的尾矿可用于生产蒸压硅酸盐矿砖;石英含量99.9%,含铁、铬、钛、氧化物等杂质低的尾矿可用作生产玻璃、碳化硅等的主要原料;以方解石、石灰石为主的尾矿则可作为生产水泥的原料;含二氧化硅和氧化铝高的尾矿可用作耐火材料等。

4.5.2 尾矿的综合利用

1)矿山废石的利用

矿山废石料如能充分利用在各种矿山工程中,如铺路、筑尾矿坝、填露天采场、筑挡墙等,每年消耗量可达总废石产生量的20%～30%。

我国江西德安锑矿用废石浮选有价金属,该矿废石经多年风化,氧化率为37.5%。采用两段一闭路破碎、一段磨矿、二粗、二精、二扫、浮选、两段脱水的工艺流程,选出锑精矿品位为40%,回收率为83.1%(有时达90%以上)。

小龙钨矿主产钨精矿,每吨矿石需排出 $1.20 \ m^3$ 废石和尾矿,为了把废石用于井下填充,矿山对废石进行了溜井格筛预选,其选别率为12.8%。3年来,共选出废石 $4×10^4 \ t$,从而减少了尾矿量和废石量 $2.1×10^4 \ m^3$ 。使用废石进行井下采空区充填,不仅减少了充填料的运输费用和人力需求,而且充填成本仅为 $2.87 \ 元/m^3$ 。我国现已采用废石进行充填的还有黄沙坪铅锌矿、铜官山铜矿、湘西钨矿、大姚铜矿等。

2）回收有价元素

近年来，由于技术进步及普遍对综合回收利用资源工作的重视，各矿山大量开展了从尾矿中回收有价元素的试验研究工作，许多已在工业规模中得到了应用。

目前，从尾矿中回收的有价元素主要有：从锡尾矿中回收锡和铜及其他一些伴生元素，从铅锌尾矿中回收铅、锌、钨、银等元素；从铜尾矿中回收萤石精矿、硫铁精矿；从其他尾矿中回收锂云母和金等。国外十分重视矿山固体废物的综合利用，技术也比较先进。如日本某二次铜选厂，生产能力为 150 t/d；澳大利亚的卡迪纳二次铜选厂生产能力为 700 t/d；芬兰的克列蒂二次铜选厂生产能力为 1 200 t/d；南非东兰德金矿从尾矿中回收金和铀。这些二次选矿厂都是技术先进、经济效益显著的工厂。

正常情况下，含硫量在 20% 以上的、经过主金属选矿后的，尾矿的含硫量应在 3% 以下，而实际情况是，许多矿山尾矿的含硫量都在 8% 以上，有的甚至高达 25%，这是极不正常的。其原因主要是多数矿山还没有进行选硫作业。或是虽然已进行了选矿作业，但硫回收率较低。

3）用作建筑材料和井下充填材料

国外露天矿山"边采边复"，井下矿山"边采边充填"的循环作业技术，对开采矿石过程中所产生的大量剥离物和矿石进行及时处理，这样既可以不必再建大规模的庞大排土厂、废石堆和尾矿坝等设施，又可使采空区得到及时充填，使破坏的土地被及时恢复并充分保证开采作业过程中的安全。

我国利用尾砂作为建筑材料，既可防止因开采建筑材料原料而对土地造成的破坏，又可使尾矿得到有效的利用，减少土地占用，防止环境受到的危害。例如，江西华山钨矿使用尾砂做钙化砖，凡口铅锌矿则利用尾砂作为水泥熟料，这些都是很好的例子。

利用尾矿作为井下胶结充填料，不仅能有效减少尾矿堆存量，而且有利于提升矿山开采过程的安全性。当用尾矿作为充填材料时，尾矿应不易风化和水解，不产生有害气体，粒级大部分在 0.037 mm 以上。凡口铅锌矿、红透山铜矿、大冶铜绿山矿、云锡公司老厂锡矿等，利用尾矿充填井下的采空区都取得了很好的效果。

4）回收硫精矿

武山铜矿选矿厂生产的主要产品为铜精矿和硫精矿,该矿尾矿正常处理能力为 1 500 t/d,排出尾矿约 320 t/d。采用重选设施从尾矿中可回收 100 ~ 140 t/d 标准硫精矿。

铜浮选尾矿通过自流方式进入固定木屑筛,筛上的木屑将被废弃。筛下矿浆自流至倾斜的沙池,再经渣浆泵输送至固定式矿浆分配器,接着进入旋转式矿浆分配器,再较为均匀地流入选矿机系统进行分选。当矿浆从上部进入螺旋溜槽后,它不仅沿纵向做螺旋状向下游动,同时,沿溜槽横向切面也产生螺旋运动,不同密度和不同粒度的矿粒会受到不同的重力、离心力、摩擦力和水流冲击力的综合作用,分成 3 条矿带。重态物多集中在溜槽内侧,从截面出口排出,作为硫精矿经溜管自流进精矿池,再由渣浆泵扬入生产硫精矿主系统脱水车间,经浓密机和盘式过滤机两段脱水,最后成为硫精矿产品。中矿自流与原矿一起进砂泵,经砂泵扬入矿浆分配器,再进入螺旋选机选别。轻矿粒甩向外侧,由截取器截出成为尾矿,与生产主系统的尾矿一并送尾矿砂池,经灰渣泵扬入尾矿库。

(1)磨矿段

原矿处理量为 42 t/h;装球量为 43 t;单位耗球量为 12 kg/t(低铬合金铸球);球磨排矿浓度为 70% ~80%;选矿沉沙浓度为 20% ~25%;螺旋溢流浓度为 28% ~32%;螺旋溢流细度为 65%(-200 目)±5%。

(2)浮选段浮选铜碱度

石灰为 15 kg/t,耗酸为 8 ~12 t;选铜:丁黄药与丁胺比为 3∶2 的混合捕收剂 70 ~90 g/t,2 号浮选油 40 g/t;选硫:丁黄药 150 g/t,2 号浮选油 35 g/t,硫化钠 40 g/t,工业酸性污水适量(控制 pH=10)。

(3)重选段

处理矿浆流量(5.5±0.5)t/h;矿浆浓度为 20%±4%;硫精矿产率为 39.04%±3%;硫精矿品为 35%±2%;硫作业实收率为 62%±2%。

4.6　脱硫石膏综合利用

4.6.1　脱硫石膏的产生及特性

目前,我国火力燃煤发电约占全国发电总量的70%,仍然占据着相当重要的地位,燃煤电厂消耗了大量的煤炭资源,燃煤后产生的硫化物和硝化物都需要经过处理。烟气脱硫基本采用湿式石灰石-石膏法工艺,这个过程中会产生大量的脱硫石膏。2020 年,我国脱硫石膏年产量达到 8 000 万 t。目前国内电厂在处理二氧化硫烟气时,主要采用的都是石灰石-石膏湿法烟气脱硫技术,其基本工艺流程如图4.6 所示。

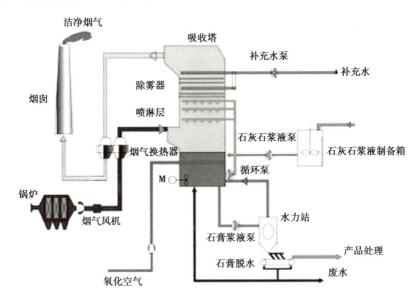

图4.6　石灰石-石膏湿法烟气脱硫工艺流程图

烟气脱硫石膏的颗粒较细,主要成分为二水硫酸钙(>90%),平均粒径为 $30 \sim 60~\mu m$,形状呈多柱状,长度与粒径的比值在 1.5 ~ 2.5。颜色上,脱硫石膏多为白色、白灰色,其中还有飞灰、碳酸钙等颗粒更小的杂质。这种特性显然与天然石膏相反。天然石膏中的细小颗粒为石膏,具有更好的浆液流变性,品容适中。天然石膏和脱硫石膏颗粒度分布对比见表4.2,化学成分及细度对比见

表4.3。

表4.2　天然石膏和脱硫石膏的颗粒度分布对比

单位:%

类型	<20 μm	20~40 μm	40~60 μm	60~80 μm	>80 μm
某厂脱硫石膏	2.8	18.8	39.6	36.8	2.0
天然石膏	29.4	31.9	14.4	15.6	8.7

表4.3　脱硫石膏和天然石膏的化学成分及细度

单位:%

类型	CaO	SiO$_2$	Al$_2$O$_3$	SO$_3$	Fe$_2$O$_3$	MgO	loss	筛余
某厂脱硫石膏	31.4	2.8	0.8	42.5	0.4	1.1	19.1	1.0
天然石膏	31.6	4.2	1.63	41.2	1.13	1.31	17.3	8.8

　　天然石膏通常呈白色,而工艺精良的脱硫石膏同样呈纯白色,然而,许多脱硫石膏呈现出黄色或深灰色,这些颜色并不适合用于装饰石膏。导致颜色较深的原因是烟气除尘不彻底,含杂质较多。天然石膏均为单斜晶系,大部分呈六角板状,少数为棱柱状。脱硫石膏晶体虽然在很大比例上是单独存在的晶体,形状完整均匀,但也有双晶态的状态。除六角板状晶体外,还有菱形和短柱状晶体。与天然石膏晶体粒度相比,脱硫石膏晶体粒度较细,这可能给其后续应用带来问题,如晶体颗粒过细可能导致流动性和触变性问题。天然石膏的含水量通常低于10%,而脱硫石膏的含水量多在10%以上,甚至达到20%。较高的含水率导致脱硫石膏的黏性增加,在装载、提升和运输过程中容易发生堵料和黏附等问题。脱硫石膏可溶性的盐离子和氯离子占比较大,杂质包括飞灰、无机盐、金属离子等,组成复杂,用于建筑时可能出现表面泛霜、黏结力下降等问题。

4.6.2　脱硫石膏的综合利用

　　脱硫石膏的用处较多,在建筑业、农业都有广泛的应用前景,用脱硫石膏可以制备石膏板、石膏砌块、石膏条板、水泥缓凝剂等,也可以制作硫酸钙晶须用于制造业,还可用于农业中改善土壤,下面分析几种典型的综合利用。

（1）制备石膏板

石膏板是最常见的建筑材料,其生产工艺简单、保温耐热性好、质量小、价格低,同样硬度下的厚度仅为砖块的 1/15,而导热系数仅为砖块的 1/6,遇火还能释放出化合水降温,非常适用于替代砖块来做隔墙等建筑材料。石膏板是在熟石膏中加入纤维和添加剂,用板纸覆盖在表面,工艺流程简单,主要包含浇注、凝结、切断、烘干等步骤。石膏板可分为普通型、防水型和耐火型 3 种。脱硫石膏想要制成石膏板,需先煅烧成 β-半水石膏,再经过石膏板制作的掺杂、浇筑、凝结、切断、烘干等就可完成。在脱硫石膏煅烧过程中,影响煅烧物质量的主要是氯离子、水溶性盐离子。高浓度的离子杂质会改变石膏板的成型时间,进而影响其强度。在石膏板干燥过程中,水溶性盐离子会逐渐聚集到石膏板表面,时间久了,这些盐离子可能发生碱性反应,造成外观不平整,这既不能很好地贴合板纸,又影响石膏板的美观。脱硫石膏中的 Cl^-、钠盐、镁盐等主要来自飞灰,为了后续保障石膏板的性能,需要在脱水的滤饼冲洗阶段尽量降低无机盐的浓度。

（2）制备水泥缓凝剂

在水泥生产中掺入 1% ~4% 的石膏,可以起到调节凝结时间、增加水泥强度的作用,同时,还会降低水泥的干缩程度,提高水泥的抗冻性和稳定性。脱硫石膏因其本身的粒径较小,在用作水泥缓凝剂时,不需要再进行研磨,经过严格制备的脱硫石膏中的 $CaSO_4 \cdot 2H_2O$ 含量能达到 90% 以上。这与天然石膏性能相差无几甚至更优,对于水泥的细度、凝结时间、抗压抗折等都没有损耗,且能降低能耗。因此,脱硫石膏可以直接用于水泥缓凝。对于建筑行业来说,脱硫石膏具有重要的利用价值。

（3）制备硫酸钙晶须

硫酸钙晶须是一种用途较多的化学制品,可用于造纸、橡胶、PVC 等制造业。例如,硫酸钙晶须与橡胶聚合物结合时表现出很强的亲和力,能够形成既耐高温又耐化学腐蚀的环保材料,适用于制造业和建材行业。脱硫石膏在合理的制作工艺下,可以像天然石膏一样生产硫酸钙晶须。然而,目前使用脱硫石膏制备硫酸钙晶须的技术和工艺要求较高,对反应温度、时间、石膏粒度、环境 pH 等因素都有严格的要求。尽管目前还处于发展阶段,将来会具备更好的市场潜力,创造出更好的市场价值。

(4)制备粉刷石膏

粉刷石膏是一种新型的高效节能环保材料,可用于底层、面层和保温层的墙体抹灰。比水泥砂浆更具有黏结性,可用的基材更多。同时,也有石膏材料固有的质量小、防火、耐高温、易吸收等优点。用脱硫石膏生产的石膏粉粒度小且强度高,非常适合制备粉刷石膏。制作粉刷石膏与制作石膏板类似,也是先将脱水石膏煅烧成 β-半水石膏,再加入纤维、黏结剂等其他外加剂制备而成。我国的脱水石膏在制备中白度略差,后续在此方面提升工艺后,还可以创造更多的价值。

4.6.3 发展趋势

随着湿式石灰石-石膏法烟气脱硫技术的广泛应用,我国脱硫石膏产量增长快,但目前的利用率还比较低,尤其是在经济欠发达地区,石膏消耗很少,是迫切需要关注的问题。脱硫石膏未来在生产和综合利用方面还具有很多的应用市场潜力,有待进一步挖掘。有望在建筑业、建材业、制造业以及工农业等领域创造更多价值。

4.7 赤泥综合利用

4.7.1 赤泥的产生及特性

赤泥是从铝土矿中提炼氧化铝时产生的废渣。其性能随着提炼氧化铝的工艺和所采用的原料不同而有较大的差异,CaO 占 40% ~50%,其次是 SiO_2,占 20% 左右,另外,还含有一定数量的 Fe_2O_3、Al_2O_3 及少量 MgO、Na_2O、TiO_2。赤泥呈粉状,容重为 $0.7 \sim 1.0$ t/m^3,表面积约为 0.5 m^2/g。

山东铝厂在用烧结法生产氧化铝的过程中排出大量赤泥,每生产 1 t 氧化铝将产生赤泥 $1.5 \sim 1.8$ t。目前,年排出赤泥量为 $750 \sim 800$ kt。其烧结赤泥的密度为 $2.7 \sim 2.9$ g/cm^3、容重为 $0.89 \sim 1.0$ g/cm^2、熔点为 $220 \sim 1\,250$ ℃、塑性系数为 16.8。

4.7.2 赤泥的综合利用

赤泥可用来生产硅酸盐水泥,制造炼钢用保护渣、硅钙肥料和塑料填充剂等。

1）生产硅酸盐水泥

山东铝厂水泥分厂的水泥产量为 $1.0×10^6$ t/a 左右,利用赤泥 350 kt/a。在生料中掺入 25% ~ 30% 赤泥可生产普通硅酸盐水泥和油田水泥,此外,还利用赤泥作混合材生产赤泥硅酸盐水泥和赤泥硫酸盐水泥。赤泥硅酸盐水泥中赤泥掺量为 42% 左右,水泥标号为 425 号,赤泥硫酸盐水泥是一种少熟料水泥,其配比为水泥熟料 15% 、赤泥 70% 、石膏 15% ,水泥标号为 325 号和 425 号。这种水泥抗冻性和耐腐蚀性较好,但早期强度较低。1965—1989 年共利用赤泥 $4.15×10^6$ t,生产了 425 号、525 号普通硅酸盐水泥和 75 ℃油井水泥。

与同类湿法窑相比,热耗降低了 20% 、电耗降低了 10% ;水泥窑单位面积产量可提高 20% ;生产的水泥符合国家质量标准,并且具有早强、抗硫酸盐、水化热低、抗冻及耐磨等性能。需要注意的是,对所用赤泥的毒性和放射性要事先进行检测,以确保产品符合安全要求。

2）制造炼钢用保护渣

烧结法赤泥含有 SiO_2 、Al_2O_3 和 CaO 等组分,同时还含有 Na_2O 、K_2O 和 MgO 等熔剂组分,这些组分具有熔体的一系列物化特性。该保护渣资源丰富,组成成分稳定,是生产钢铁工业浇铸保护材料的理想原料。赤泥制成的保护渣按其用途可分为普通渣、特种渣和速溶渣;适用于碳素钢、低合金钢、不锈钢、纯铁等钢种和锭型。应用这种保护渣浇铸,一般在锭模内加入量为 2 ~ 2.5 kg/t。实践证明,这种赤泥制成的保护渣可以显著降低钢锭头部及边缘增碳,提高钢锭表面质量,可明显提高钢坯低倍组织、钢坯成材质量和金属收率,具有比其他保护材料强的同化性能,其主要技术指标可达到或超过国内外现有保护渣的水平。

利用烧结法赤泥制造炼钢保护渣,赤泥利用率在 CaO/SiO_2 为 0.6 ~ 1.0 时可达到 50% ,产品质量好,可明显提高钢锭(坯)质量,钢坯成材金属收得率可提高 4% 。

3）制造硅钙肥料和塑料填充剂

烧结法赤泥中含有多种农作物生长需要的常量元素（如 Si、Ca、Mg、Fe、K、S、P）和微量元素（如 Mo、Zn、V、B、Cu），且具有较好的弱酸溶解性。赤泥除可用作微量元素复合肥外，还具有与多种塑料共混的性能，可作为一种良好的塑料改性填充剂。

赤泥肥料和填充剂的生产是将赤泥浆液脱水至 35% 以下，然后经烘干机烘干，直至烘干料的水分含量<0.5%。赤泥经研磨至一定细度（60～120 目），即可制成肥料。对于塑料充填剂的制备，将研磨后的赤泥送入风选式粉碎机，筛选出粒度小于 44 μm（相当于<320 目）的细粉。

通过利用赤泥生产硅钙复合肥，每年可处理 9～15 kt/a 赤泥。在这一过程中，粗粒级部分的赤泥可用于制造硅钙肥料、自硬砂和活性混合材料等产品。而细粒级部分则适用于塑料、PVC 防水片材、油膏等材料的充填剂。

在江西景德镇的第四纪红壤冲击性稻田中进行的实验结果表明，土壤原有的有效硅含量为 5 mg/100 g（土），每亩（666.6 m²）施 100 kg 硅钙肥时，早稻增产 8.76%～15.19%，晚稻增产 14.5%～26.5%。

赤泥微粉充填剂在塑料工业中取代常用的重钙和轻钙。使用这种充填剂生产的塑料产品符合技术规范要求。

4.8　磷石膏综合利用

4.8.1　磷石膏的产生及特性

磷石膏是磷矿石与硫酸反应制造磷酸过程中所产生的废渣，其主要成分 $CaSO_4 \cdot 2H_2O$ 的含量一般约占 70%，而次要成分如岩石组分、Ca、Mg 的磷酸盐、碳酸盐和硅酸盐则随矿石来源不同而异。磷石膏的晶体形状与天然二水石膏基本相同，包括板状、燕尾状和柱状等，其晶体大小、形状及致密性会随磷矿种类和磷酸生产工艺的不同而有所改变。

磷石膏含有 H^+、水溶性 P_2O_5、F 等杂质，呈酸性，pH 值一般为 1.5～4.5；外观呈黄白色、浅黄色、灰白色、黑灰色等颜色，含水率为 20%～25%，黏性较大，容重为 0.733~0.880 g/cm²。此外,磷石膏中还含有微量的镉、砷、铅等重金属离子,以及铈、钒、钛等稀有元素和放射性元素,如镭、铀等。

通常每生产 1 t 磷酸可产 5 t 的磷石膏。目前,我国磷石膏的年排放量约为 900 万 t,世界磷石膏的年排放量达 1 亿 t。磷石膏的任意排放不仅是一种资源浪费的行为,而且也污染环境、占用大量土地。

磷石膏作为一种潜在资源,其利用价值很高。它既可用于土壤改良、作物增产、制造肥料;经处理后,又可用作石膏类建材制品的原料;还能生产水泥缓凝剂、制硫酸联产水泥、生产硫酸钾和硫酸铵等化工产品。

4.8.2　磷石膏施用于农业

(1)改良土壤

盐碱性土壤在我国华北、东北、西北地区均有分布,土壤的 pH 值在 9 以上,透气性差,严重影响作物生长。磷石膏施入碱土后,与土壤中的碳酸钠、碳酸氢钠作用,生成易溶于水的硫酸钠并随灌溉水排走,从而降低了土壤的碱性,改良了土壤的渗透性;另外,土壤酸化可释放出微量元素,供作物吸收。研究表明,每亩盐碱地(pH=9)施用 300~1 600 kg 磷石膏,改良效果可延续 8~10 年,目前在我国江苏、山东、内蒙古等地的试验已取得了良好的效果。

(2)促进作物增产

磷石膏除了含有大量的硫酸钙,还含有 0.5%~1% 的可溶性磷酸盐,这部分硫和磷都是作物所需的营养物质。因为高等植物吸收硫酸根形式的硫比吸收其他形态的硫要快得多,所以磷石膏是一种良好的硫肥,施用后使油料作物(如花生、油菜、芝麻等)增产 15%~30%。

近年来,中国农科院土肥所的专家与各地农科部门对磷石膏的施用效果进行了大量的研究工作。有关资料显示,磷石膏施用于大豆,每公顷施用量不超过 750 kg,增产幅度可达 12%~19%;施用于油菜、芝麻,每公顷用量为 450~750 kg,增产 15% 以上。配以适当化学肥料,施用于花生,每公顷用量为 1 500~2 000 kg,增产 11%~12%;每公顷施用 1 500 kg 于蔬菜(芹菜、番茄、甘蓝),增产均达到 10%。可见磷石膏对农作物的增产效果明显,在控制好用量的条件下,对作物无不良影响。

4.8.3 磷石膏在肥料生产中的应用

1）用于湿法普通过磷酸钙生产添加剂

磷石膏中除含有主要成分 $CaSO_4$ 外，还含有 0.3% ~ 0.6% 的 P_2O_5 和镁、铁、铝、硅、氟等矿物质，这些均是农作物需要的营养元素。利用这一特性在普钙生产中适量添加，可以达到以下目的：

①替代磷矿石，降低原料消耗；

②磷石膏中含有游离酸(pH=1.5~4.0)，可降低硫酸消耗；

③降低矿浆的水分含量；

④增加产品中硫、钙、硅、氟等微量元素的含量，提高肥效。

根据磷石膏的具体成分差异，添加量以控制矿浆中 P_2O_5 含量约26%为宜，一般添加原料矿石量的20%左右，可以生产出符合部颁标准的普通过磷酸钙产品合格品。

值得注意的是，磷石膏在工艺流程中的添加时机对生成过程的影响是有限的。如果在磨矿前掺入矿石，虽然能够改善磨机的工况，但同时也需要妥善解决好磨机及相关设备面临的防酸腐问题。因此，建议采用两股物料分别输送的方式，在配浆时再进行混合。

2）复合肥生产的添加剂

利用磷石膏的特性，在生产氮磷钾复合肥(NPK)时作为填充剂，用量控制在10% ~ 20%(质量分数)。这样既增加了复合肥中的微量元素含量，也使其具备了一定的改良土壤功能。同时，随着近年来有机肥料工业化的兴起和产量的增加，磷石膏在其中的添加也受到了人们的重视。国内某些厂家已尝试在有机肥中添加约20%的磷石膏，并取得了良好的效果。

磷石膏与碳铵、氨水混合施用时，能中和氨气，从而起到一定的固氮和保氮作用。此外，二水石膏与尿素在高湿度下混合，经加热干燥后，可制得吸湿性小、肥效高于尿素的尿素石膏$[CaSO_4 \cdot 4CO(NH_2)]$。

4.8.4　磷石膏在建材工业中的应用

1）生产石膏胶凝材料及石膏制品

石膏胶凝材料主要有 α-半水石膏和 β-半水石膏，属于气硬性建筑胶凝物质。与利用天然石膏生产所不同的是，首先要去除磷石膏的杂质（主要是磷、氟、有机质）。由于我国湿法磷酸普遍采用二水物流程，其副产的磷石膏较半水-二水物法多，这就使磷石膏去除杂质的工作变得复杂且不尽如人意。生产时，一般先将磷石膏加水制浆，然后洗涤、分离杂质、脱氟、干燥煅烧后得到半水石膏，进而加工成各种石膏制品。

一些发达国家在这方面的研究和应用较为先进，如日本的大型磷酸企业就是利用半水-二水物法副产的磷石膏生产 β-半水石膏并加工成石膏板。我国已建成投产了一批装置，如铜陵磷铵厂年处理能力 40 万 t 的磷石膏净化装置，上海 25 t/h 的磷石膏燃烧装置，南化公司磷肥厂 1 万 t/a 磷石膏制石膏粉装置，以及南京石膏板厂的 10 m² 石膏板装置等。但这些装置投资巨大，能耗极高，因此，开发研究投资少、见效快、能耗低的技术势在必行。

2）磷石膏制水泥缓凝剂

国内外对磷石膏代替天然石膏作水泥缓凝剂进行了大量研究。日本从 20 世纪 50 年代就开始在水泥工业上应用磷石膏作缓凝剂，其处理技术以水洗法为主，并从水泥厂设计开始就一并考虑了应用磷石膏技术。目前，日本 75% 的磷石膏被 19 家工厂用来生产缓凝剂。法国从 20 世纪 70 年代初期，由 Rhone-Poulenc 公司研究出用磷石膏生产 β-半水石膏的工艺。它是先将磷石膏以悬浮状态存放，完成初洗，再清除掉较大颗粒。当悬浮液呈酸性时，则用石灰中和。若磷石膏需进一步洗涤，则采用浮选或水力旋流分离机，除掉 70% ~ 80% 的杂质。若采用浮选则湿磷石膏从过滤器出来后，送入干燥机内干燥。部分干燥的磷石膏用沸腾炉煅烧。若采用水力旋流分离机，则直接入煅烧窑（无预干燥阶段），以避免半水石膏进一步脱水。巴西引进 Rhone-Poulenc 公司技术建设一座用磷石膏制取供水泥工业用粒状半水石膏的装置。

我国于 20 世纪 70 年代开始在水泥工业上利用磷石膏，处理技术以中和法为主。1999 年由国家出资在铜陵化工集团建成 100 kt/a 水泥缓凝剂示范装置，年消耗磷石膏约 100 kt,其产品质量符合水泥行业的相关标准。该工艺采用铜陵化工研究设计院开发的锤式烘干机为主要核心设备,将预热处理后的磷石膏进行煅烧,经干燥后与部分磷石膏混合造粒得到成品。该工艺具有以下特点:

①简单、易于操作;

②产品质量稳定,价格较低;

③占地较少,单台设备生产能力大;

④投资相对较小(约 850 万元)。

该技术特别适合在天然磷石膏相对匮乏、水泥企业相对集中地区的磷酸生产企业采用。

3)磷石膏制硫酸联产水泥

磷石膏制硫酸联产水泥工艺在国际上研究得比较早,1969 年奥地利林茨(LINZ)公司建成了 350 t/d 的制酸装置,1972 年南非建成了同样规模的装置。1992 年美国佛罗里达州联合矿产公司耗资 10 亿美元动工兴建年产量 250 万 t 波特兰水泥和 120 万 t 硫酸的大型工厂,其主要工艺路线为先将磷石膏预干燥,然后与粉煤灰混合,在煤流化床中加热到 1 055 ℃并在 1 000 ℃直接送水泥窑,在加热过程中 SO_2 经回收、净化制硫酸,然后与经预处理脱 Ra-226 和氟的磷矿石反应制成磷酸。炉渣也可作为波特兰水泥的骨料。

在国内,磷石膏制硫酸联产水泥主要是针对我国 30 kt/a 料浆法磷铵装置开发和推广的一项技术。经过原化工部、中国磷肥工业协会多年的推广,我国已建成 7 套装置。实践证明,该技术已经成熟并取得了良好的经济效益。其工艺过程主要由磷石膏干燥、脱水、煅烧、水泥烧成、二氧化硫净化、二氧化硫转化吸收等工序组成。该工艺具有以下特点:

①磷石膏中的钙和硫得以充分利用;

②磷石膏被消化而不产生二次废渣;

③控制好制酸尾气吸收,可实现尾气达标排放;

④副产的硫酸用于磷酸生产,可以减少硫酸的外购和运输量,从而降低产品成本。

4)生产专用水泥或作水泥制品的组分

在新型土壤稳定专用水泥方面,武汉理工大学将磷石膏直接配制成无熟料水泥后,用于土壤固化,其固化土的无侧限抗压强度比普通水泥高 20%～30%,且材料造价低。胡同安等通过水泥-磷石膏固化剂加固软黏土的室内外试验和工程应用,证明了水泥-磷石膏对于大部分软黏土来说是一种更为经济有效的固化剂。研究人员经试验验证,在适宜的配合比条件下,磷石膏是一种性能优良的筑路新材料。

国际上,比利时正在研究将磷石膏用作道路基础施工的填筑材料(代替砂砾),当然不得用于 500～800 mm 的上层路面。法国某些地区已成功将 91% 粉煤灰、4% 生石灰和 5% 磷石膏混合物用于道路工程,并用磷石膏烧制硫铝酸盐水泥用于抢修、喷锚、堵漏等工程。在砌筑水泥方面,印度和俄罗斯将磷石膏纯化处理后,用粉煤灰或磨细矿渣、水泥制成砌筑水泥。美国正在研究将适量的磷石膏用于混凝土和建筑构件,认为磷石膏的引入并不影响抗压强度。

4.8.5　磷石膏制硫酸钾

目前,我国硫酸钾的生产工艺主要是曼海姆法,即用氯化钾与硫酸反应生成硫酸钾并副产盐酸,其工艺成熟,产品质量稳定,但能耗与投资高。此外,还有芒硝法、硫酸铵法、缔置法等。磷石膏转化法是利用磷石膏与氯化钾反应制取硫酸钾,其工艺特点是利用废渣,反应简单,有明显的经济效益和环境效益。近年来,英国、日本、以色列、印度等国在利用石膏和磷石膏生产硫酸钾方面做了初步探索。

1)直接法

以磷石膏和氯化钾为原料的方法,有复盐法和直接法两种。复盐法由于反应是可逆的,需要很繁杂的复分解过程,因此实际工业化较困难。直接法通常是在高浓度的氨水溶液中,氯化钾与硫酸钙进行反应得到硫酸钾。其反应式如下:

$$2KCl+CaSO_4 \cdot 2H_2O \longrightarrow K_2SO_4+CaCl_2+2H_2O$$

此方法中又有加压法和常压法两种,其共同特点是:化学反应都是在氨浓度高于室温下氨的饱和水溶液中进行的。加压法是在压力为 $29.4×10^5$ Pa、氨水浓度大于等于 50% 的条件下进行的,从而增加了工艺难度。相比之下,常压法操作温度在 5 ℃ 以下、氨水浓度小于等于 40%,工艺比较简单,尽管产品纯度较低,但可以通过降低磷石膏的粒度获得纯度在 90% 以上的硫酸钾。

2)间接法

间接法又称为两步法,目前研究较多,其过程为磷石膏先与碳酸氢铵反应生成硫酸铵,然后经过滤分离,含硫酸铵的母液与氯化钾反应,在适宜的条件下生成硫酸钾。其反应式如下:

$$CaSO_4 \cdot 2H_2O + 2NH_4HCO_3 \longrightarrow (NH_4)_2SO_4 + CaCO_3 \downarrow + CO_2 \uparrow + 3H_2O$$

$$(NH_4)_2SO_4 + 2KCl \longrightarrow K_2SO_4 + 2NH_4Cl$$

该工序分离的母液中主要含氯化铵,可用于生产氮、钾或氮、磷、钾复合肥料,滤饼经洗涤、脱水及处理后可作为制造水泥的原料。

虽然利用磷石膏制造硫酸钾的工艺流程有所差异,但基本原理相同。由于可以将磷石膏变成高附加值的 KSO 和复合肥,同时又解决了磷石膏的堆放问题,因此国内许多企业和研究单位都重视对该工艺的开发,但目前仍处于工业试验阶段。不容忽视的是,要解决好副产物 $CaCO_3$ 的纯度问题,否则将会造成二次污染。该工艺要真正实现工业化、规模化还有许多工作要做。

4.8.6 磷石膏生产硫酸铵

磷石膏作为一种较好的钙、硫资源,通过磷石膏制硫酸联产水泥,一方面可以生产湿法磷酸所需的硫酸,另一方面其中的钙可用于联产水泥,从而实现磷石膏的资源化利用。20 世纪中叶,为解决磷肥生产所需的硫酸和磷石膏堆存污染环境的问题,磷石膏制硫酸联产水泥逐步兴起。我国于 20 世纪 50 年代开展了磷石膏制硫酸联产水泥的相关研究,并于 90 年代在产业化应用上取得了相关成果。"八五"期间,原国家化工部在银山化工(集团)股份有限公司、沈阳化肥总厂、青岛东方化工集团股份有限公司、鲁北企业集团公司、鲁西化工集团阳谷化工厂、遵化市化肥厂、什邡化肥总厂建成了 7 套年产 3 万 t 磷铵、4 万 t 硫酸联产 6 万 t 水泥的磷石膏综合利用示范工程(时称"三四六工程")。目前,仅鲁北化工总厂的磷石膏综合利用示范工程实践较好,形成了磷铵副产磷石膏制硫酸联产水泥协同处置含硫废物产业链。

4.9　工业副产石膏综合利用

4.9.1　工业副产石膏的种类及特性

工业副产石膏的种类多、来源广,常见的种类有氟石膏、硼石膏、钛石膏、芒硝石膏、盐石膏、柠檬酸石膏等。由萤石与硫酸反应制氢氟酸得到的含硫酸钙废物称为氟石膏,氟石膏中含氟量可达 3.07%,其中 2.05% 是水溶性的;硼钙石生产硼酸过程中所产生的含硫酸钙废物称为硼石膏,生产二氧化钛和苏打时所得的含硫酸钙废物称为钛石膏,钙芒硝矿析出芒硝产品(Na_2SO_4)过程中产生的含硫酸钙废物称为芒硝石膏,石膏型岩盐矿($CaSO_4$-$NaCl$)生产盐产品过程中产生的含硫酸钙废物称为盐石膏,钙盐法生产柠檬酸过程中产生的含硫酸钙废物称为柠檬酸石膏。

4.9.2　工业副产石膏的综合利用

2018 年,我国钛石膏产生量约 2 300 万 t,综合利用率约 10.0%;盐石膏约 1 500 万 t,综合利用率约 4.3%;发酵石膏约 800 万 t,综合利用率约 31.3%;氟石膏约 200 万 t,综合利用率约 48.0%;其他副产石膏约 1 500 万 t,综合利用率约 13.3%。工业副产石膏的大面积堆积,占用并污染大量土地、严重破坏水土资源。工业副产石膏存在杂质高、成分不稳定等劣势,导致用工业副产石膏替换天然石膏进行生产的积极性较低,技术相对滞后。

1)常见的利用方式

以钛石膏为例,我国钛石膏的年排放量超过 2 000 万 t,且原料含水量高,很难直接应用。由于钛石膏粒径小,并含有大量铁离子,这增加了钛石膏综合利用的难度。目前,钛石膏主要通过减量化后进行堆存处置,常用的手段是使用压滤机对其进行压缩,使其游离水含量降至 20% 以下。含高钙废水及含硫酸根废水的处理主要是通过合成结晶形成二水硫酸钙,然后根据需要进行下一步的应用。通过不同的工艺,二水硫酸钙可制备成 α 型高强石膏或者建筑石膏。

2）制备高附加值制品

工业副产石膏由于自身经济附加值低、来源广、杂质多等问题，很难得到投资者的关注。但是天然石膏下游制品的附加值相对比较高，因此国内外许多科研人员开始采用工业副产石膏代替天然石膏作为原材料，制备高附加值产品，如 α 型高强石膏、石膏晶须、超细石膏、晶须造纸、晶须代替石棉生产摩擦片、GRG 纤维增强石膏、3D 打印等产品。α-半水石膏具有标准稠度、需水量小、强度高等特点，可用于制作各种工业和医用模型，又称为模型石膏。随着科学技术的迅速发展，近年来，高强石膏应用领域日趋广泛，已涉及航空、汽车、橡胶、塑料、船舶、铸造、机械、医用等多个领域，而且产品呈现系列化。α 型高强石膏凭借其自身优越的性能和具有市场竞争力的价格，目前已在陶瓷模具、GRG、精密铸造等领域获得广泛应用。另外，α 型高强石膏作为一种优质的 3D 打印材料，借助 3D 打印技术，可打印出以 α 型高强石膏为主要建筑材料的洋房、别墅。石膏晶须是一种晶体结构和高强石膏截然相反的材料，其长径比可达100：1，类似于植物纤维，目前石膏纤维可在多个方面取得应用，例如，取代部分植物纤维在造纸行业中取得应用，还可作为填料在刹车片中取得应用等，产品附加值高。

3）工业副产石膏煅烧Ⅱ型无水石膏

由于工业副产石膏含有较多的杂质，将其通过较低温度煅烧成建筑石膏粉，有害杂质还将留存在石膏粉中，在后期的使用过程中可能会产生危害。但是，通过中温煅烧的方式，将其制备成Ⅱ型无水石膏，有害杂质在较高温度下会分解，产品中有害杂质的含量会大量减少。而且Ⅱ型无水石膏比建筑石膏粉具有更加优越的物理和化学性能。工业副产石膏煅烧Ⅱ型无水石膏，是工业副产石膏大规模综合利用的主要途径之一，单套装置产能可实现 100 万 t/a，远超建筑石膏粉生产装置的单机产能。

4）利用工业副产石膏制备石膏基自流平砂浆

早在 20 世纪 80 年代，石膏基自流平砂浆就在欧洲得到了广泛应用，尤其是在地暖施工领域。目前，随着我国建材行业施工机械化水平的不断提高和绿色住宅需求的增长，石膏基自流平砂浆已得到大规模应用，该行业正在迅速扩张。另外，利用工业副产石膏制备石膏基自流平砂浆也是大规模利用工业副产石膏的重要途径之一。

4.10　钻井岩屑

1）钻井岩屑的产生

常见的钻井岩屑,包括常规油气、石油、页岩气开采活动以及其他采矿业产生的钻井岩屑等矿业固体废物,不包括煤矸石和尾矿。

（1）常规油气钻井岩屑

在常规油气钻探过程中,会产生大量的钻井固体废弃物,包括钻屑、废弃钻井泥浆等。其中钻屑一般沾染了钻井液,因受钻井液污染,钻屑表现出成分复杂、COD 值高等特点,包括烃类、无机盐类、各类聚合物和重金属等污染物。

（2）页岩气开采钻井岩屑

页岩气开采钻井岩屑主要包括清水基钻屑、水基钻屑和油基钻屑。清水基钻屑对环境不具有危害性;水基钻屑中主要包含钻井液中的添加剂成分,包括润滑剂、氯化钾、纯碱、聚合醇等物质,还包括地层中的石油类和重金属等物质,含油率为 2% ~5% 。我国不同地区页岩气开采钻井岩屑的主要组分见表 4.4。

表 4.4　我国不同地区页岩气开采钻井岩屑的主要组分一览表

所在区域	污染物	主要组分
陕西	陕北采油区废钻井泥浆浸出液	含水率 85.3% ,密度 1.14 g/cm³,COD、总铬、Cr（Ⅵ）、总铅、总镉、总汞、总砷、挥发酚、石油类物质的质量浓度分别为 2 417.50、3.32、0.76、0.25、0.13、0.07、14.89、0.65、248.32 mg/L,pH 值为 11.89
新疆	塔河油田钻井废弃泥浆浸出液	含水率 85% ~90% ,COD 9 500 ~13 200 mg/L,pH值为 7.9 ~11.0,色度 160 ~220 倍
山东	胜利油田废钻井泥浆	含水率 12% ,COD 896.4 mg/L,Cr、Cd、Pb 质量浓度分别小于 0.02、0.04、0.02 mg/L,pH 值为 7.64
江苏	某海上钻井平台废泥浆	含水率 71.00% ,含油率 5.16% ,含固率 23.56%

续表

所在区域	污染物	主要组分
四川	川西北气田废钻井泥浆	含水率 74.84%～88.39%，泥浆密度 1.1～1.4 g/cm³，含固率约 25%，COD 10 632.9～27 000.0 mg/L，pH 值为 9～11
	壳牌金秋项目钻井含油钻井岩屑	含水率 8.17%～8.87%，含油率 15.31%～17.60%，含固率 73.53%～76.23%
	长宁-威远页岩气钻井含油钻井岩屑	含水率 2.9%，含油率 15.2%，含固率 81.9%
		含水率 9.47%，含油率 10.16%，含固率 80.37%
	威远某页岩气钻井平台含油钻井岩屑	含水率 5.70%，含油率 17.56%，含固率 76.74%
	淇县气田钻井含油钻井岩屑	含水率 4.43%，含油率 6.79%，含固率 88.79%
江苏	东海某三级海域海上钻井平台含油钻井岩屑	含水率 4.70%～9.71%，含油率 14.0%～23.6%，含固率 68.99%～80.15%
重庆	页岩气含油钻井岩屑	含水率 5.7%，含油率 19.9%，含固率 74.4%
		含水率 1%，含油率 10%，含固率 89%
黑龙江	大庆油田含油钻井钻屑	含水率 11.5%，含油率 6.5%，含固率 82.0%，Hg、As、Cr、Pb、Cd、矿物油含量分别为 1.5、13.6、19.2、0.18、0.11、65 000 mg/kg

2）钻井岩屑的综合利用

（1）常规油气开采钻井岩屑综合利用

空气钻和清水钻产生的钻屑不含污染物，可直接用于井场建设。水基钻井废泥浆中含有稳定性较高的硫酸钡，但含水率较高，在与钻井岩屑混合并经适当处理后可作为有益建筑材料使用（筑路、制砖等）。2010 年 12 月—2011 年 4 月，免烧砖技术首次在西南油气田 3 口井工程应用成功，累计处理钻井固体废物 2 527 m³，制得免烧砖约 71.2 万匹，每日最大生产量为 2.5 万匹，成品合格率高达 90% 以上，处置率达 100%。经检测，免烧砖符合国家建筑材料标准，其浸出液水质指标均满足《污水综合排放标准》（GB 8978—1996）的一级标准，可用于井场建设。同时，钻井固体废物与滑料、固化剂、改良剂等处理剂混合后，可作为建筑路基材料，也可制成烧结砖，其建筑性能、放射性指标及浸出液水质指标均符合国家标准限值要求。钻井固体废物在固化处理后,1 m³ 钻井固体废物和 1 m³ 黏土可制备 1 000 ~ 1 200 块烧结砖。

（2）页岩气开采钻井岩屑用作建材

用作建材是钻井岩屑经物化处理后加入其他凝胶材料、添加剂制成建材资源的一种处理方式。目前,钻井岩屑制备的陶粒、免烧砖、烧结砖、混凝土、水泥在浸出液和抗压强度上能满足建材行业的相关标准,该技术产生了新的建材资源。在较低的温度下,加入 0% ~ 6% 油基岩屑制备水泥,配制的水泥具有良好的水化性能,抗压强度也符合相关标准,用少量油基岩屑制备水泥熟料可有效降低油基岩屑的毒性,当油基岩屑添加量小于 3% 时,浸出液的重金属离子符合EPA 标准,重金属离子的浸出浓度远低于原油基岩屑废物。以不同比例油基岩屑与煤矸石混合煅烧,冷却后得到的陶粒具有较好的物理性能,密度低、吸水率低、抗压强度高,钻屑中大部分重金属都得到了有效的固化,有机有毒物质被完全燃烧,有害元素的浸出量达到国家标准要求。资源化利用具有良好的应用前景,但预处理成本较高。具有良好的应用前景,但会增加相应的处理成本。

（3）页岩气开采钻井岩屑热脱附回收石油烃类

热脱附技术又称为热解析技术,以物理反应为主,是当前发展较为成熟的含油钻屑处理技术,用热处理可以有效降解有机污染物,减少废物的总体积,并降低金属和盐的流动性。热脱附技术是采用热处理使有机物从固相中分离出来,分为低温热脱附和高温热脱附。传统热脱附设备有回转窑、螺旋式热脱附和滚筒式热脱附 3 种。近年来,又诞生了流化床式热脱附、远红外加热脱附、微波加热脱附和太阳能加热脱附。长宁、威远页岩气开发国家示范区采用热脱附技术,日处理量达到 40 t,处理后的油含量小于 1%（w）,油回收率达到 95% 以上。电磁加热脱附处理白油基岩屑,热脱附后含油率小于 1%。热脱附处理后残渣含油率可小于 0.3%、油回收率高于 75%,已应用于四川、重庆、新疆等地区。热脱附的周期短,加热速度快,可回收大部分石油烃,但能耗较高。

4.11　造纸白泥

1）造纸白泥的产生

造纸白泥来自制浆造纸的碱回收工序,其主要成分是碳酸钙,此外,还有在这个过程中添加的过量生石灰、硅酸钙、残余氢氧化钠以及多种金属氧化物。造纸白泥富含碳酸钙($CaCO_3$)、多种金属元素(如 Na、Mg 和 Fe 等)和矿物填料等,具有高盐度和高碱度的特点。造纸白泥产生的工艺流程图如图4.7所示。

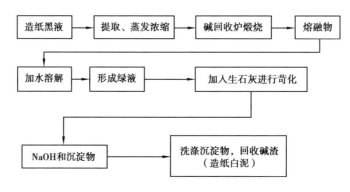

图 4.7　造纸白泥产生的工艺流程图

2）造纸白泥的利用与处置

据初步估算,全国造纸厂每年产生的白泥超过400万 t。但是由于白泥中残碱、钠、镁等盐中含有较多杂质,难以得到综合的开发利用,因此目前这些造纸白泥中只有少部分得到利用,大部分堆放在室外,既占用土地、污染环境,还浪费白泥中所含有的有利资源。如何提高白泥的综合利用水平已成为我国造纸工业中非常突出的问题。

4.12　电石渣

1）电石渣的产生

电石渣是工业生产乙炔、聚氯乙烯(PVC)、聚乙烯醇等过程中电石(CaC_2)水解形成的以氢氧化钙[$Ca(OH)_2$]为主要成分的工业废渣。电石渣是电石法

PVC 工艺中电石水解制乙炔的副产物。每生产 1 t PVC 可同时副产电石渣 1.5～1.9 t。氯碱工业内,电石法工艺生产乙炔时,会伴随着产生电石渣。其产生的原理如下:

$$3C(焦炭)+CaO(石灰) \longrightarrow CaC_2(电石)+CO\uparrow \qquad (4.1)$$

$$CaC_2(电石)+H_2O \longrightarrow Ca(OH)_2(电石渣)\downarrow +C_2H_2(乙炔气)\uparrow \qquad (4.2)$$

由上式可知,电石渣是电石水解获取乙炔气后以 $Ca(OH)_2$ 为主要成分的工业废渣。电石渣内残留微量的电石,仍会水化产生乙炔。乙炔是高度易燃而不稳定的气体,当乙炔积聚到一定量时会有爆炸危险。电石渣中含有相当数量的有害成分,其中,氯、硫等有害元素含量较高。在 PVC 生产过程中,有些企业使用 PVC 生产中的次氯酸液等作为电石水解反应用水,在循环使用的水中氯离子大量富集,容易造成电石渣中氯离子含量超标,这是由于电石渣细度高,具有较高的吸附性特点,一旦 Cl⁻ 被带入,大量的 Cl⁻ 会在电石渣中富集。在生产中,有的工艺会采用 SO_2 清洗水中的氯,这样电石渣中的硫含量从而大幅度增加。

目前,中国近80%的电石消费都集中在 PVC 生产中,电石法 PVC 生产是电石渣的主要排放源。PVC 是全世界产能最大的塑料制品之一,其基本原料氯乙烯单体(Vinyl Chloride Monomer, VCM)可分别由石油裂解乙烯法或电石水解乙炔法制得。由于电石渣及渗滤液呈强碱性,堆存渗滤造成土地盐碱化,并污染地下水,同时碱性渣灰的扬尘污染周边环境,危及居民生活和身体健康。目前,电石渣被纳入第Ⅱ类一般工业固体废物进行管理。按电石法 PVC 生产电石渣(t/t)产排污系数约为 1.78(干基)估算,2017 年电石法 PVC 产量约为 1 432 万 t,电石渣产生量约为 2 549 万 t。

2)电石渣的利用与处置

目前,国内电石渣主要用于建材,包括水泥、碳化砖、粉煤灰砖、室内装饰材料等,如国内氯碱厂 90%以上电石渣用于生产水泥,还可用于工业脱硫、生产碳酸钙和硫酸钙等产品。还有研究利用电石渣作为路基土壤固定或改良剂,如用电石渣取代普通硅酸盐水泥用于路基土壤固化/稳定化,主要用于海滨盐渍土路基、过湿黏土路基、膨胀土等路基材料性能改良。

第 5 章　工业危险废物综合利用

5.1　工业危险废物管理

我国建立了危险废物全过程管理制度体系,主要涉及对危险废物的产生、收集、贮存、运输、利用、处置等环节的管理。

5.1.1　危险废物名录及鉴别制度

《固废法》第七十五条规定:"国务院生态环境主管部门应当会同国务院有关部门制定国家危险废物名录,规定统一的危险废物鉴别标准、鉴别方法、识别标志和鉴别单位管理要求。国家危险废物名录应当动态调整。"危险废物名录及鉴别制度是开展危险废物管理的基础。我国对危险废物名录实行动态调整,自 1998 年制定的《国家危险废物名录》,经过 3 次修订(修正)形成《国家危险废物名录》(2021 年版),明确了危险废物的类别、行业来源、代码、名称及危险特性等信息,并提出了危险废物豁免管理清单。被列入豁免清单的危险废物,在所列的豁免环节,且满足相应的豁免条件时,可以按照豁免内容的规定实行豁免管理。国家出台了危险废物鉴别的标准和技术规范,明确了危险废物鉴别的程序、混合判定规则、利用处置产物判定规则、有害物质限值和检测技术要求等,以此来确定未列入《国家危险废物名录》固体废物的属性。

5.1.2　标识制度

《固废法》第七十七条规定:"对危险废物的容器和包装物以及收集、贮存、运输、利用、处置危险废物的设施、场所,应当按照规定设置危险废物识别标志。"危险废物识别标志制度是指用文字、图像、色彩等综合形式,表明危险废物的危险特性,以便于识别和分类管制的制度。《环境保护图形标志 固体废物贮存(处置)场》(GB 15562.2—1995)修改单对固体废物贮存、处置场的警示标志作出规定。《危险废物识别标志设置技术规范》(HJ 1276—2022)规定了产生、收集、贮存、利用、处置危险废物单位需设置的危险废物识别标志的分类要求、内容要求、设置要求和制作方法。表 5.1 为一般工业固体废物贮存、处置场所的提示图形符号和警告图形符号,表 5.2 为危险废物属性识别标志,表 5.3 为危险废物贮存、利用、处置场所标志。

表 5.1　一般工业固体废物贮存、处置场警示标志

序号	提示图形符号	警告图形符号	名称	功能
1	一般固体废物 General Solid Waste	一般固体废物	一般固体废物	表示一般固体废物贮存、处置场

表 5.2　危险废物贮存、利用、处置设施标识

序号	危险特性	警示图形	图形颜色
1	腐蚀性	CORROSIVE 腐蚀性	符号:黑色 底色:上白下黑
2	毒性	TOXIC 毒性	符号:黑色 底色:白色

续表

序号	危险特性	警示图形	图形颜色
3	易燃性		符号:黑色 底色:红色(RGB:255,0,0)
4	反应性		符号:黑色 底色:黄色(RGB:255,255,0)

表5.3 危险废物贮存、利用、处置场所标志

序号	类别	设施标志(横版)	设施标志(竖版)
1	危险废物贮存 分区标识		—
2	危险废物贮存 设施		

续表

序号	类别	设施标志(横版)	设施标志(竖版)
3	危险废物利用设施		
4	危险废物处置设施		

5.1.3 管理计划、台账和申报制度

《固废法》第七十八条规定:"产生危险废物的单位,应当按照国家有关规定制定危险废物管理计划;建立危险废物管理台账,如实记录有关信息,并通过国家危险废物信息管理系统向所在地生态环境主管部门申报危险废物的种类、产生量、流向、贮存、处置等有关资料。前款所称危险废物管理计划应当包括减少危险废物产生量和降低危险废物危害性的措施以及危险废物贮存、利用、处置措施。危险废物管理计划应当报产生危险废物的单位所在地生态环境主管部门备案。"实施危险废物管理计划、台账和申报制度,可以实现危险废物从产生到处置全过程的跟踪,对防控危险废物环境风险具有重要作用。《危险废物产生单位管理计划制定指南》提出了危险废物管理计划编制的基本原则、基本要求、主要内容和建立台账的有关要求,明确了危险废物管理计划和危险废物台账的表格样式等。危险废物管理计划制定后应当报产生危险废物的单位所在地生态环境主管部门备案,发生变更时应当及时变更相关备案内容。为推进危险废物管理工作信息化,国家建立危险废物信息管理系统,方便危险废物产生单位快速有效申报危险废物的相关数据,并可以高效开展数据统计分析和监督

管理工作。将危险废物管理计划备案相关流程纳入国家危险废物管理信息系统,实现危险废物管理计划和危险废物申报登记、转移联单等流程相互校验,强化危险废物的环境管理和风险防控。

5.1.4 经营许可制度

《固废法》第八十条规定:"从事收集、贮存、利用、处置危险废物经营活动的单位,应当按照国家有关规定申请取得许可证。许可证的具体管理办法由国务院制定。禁止无许可证或者未按照许可证规定从事危险废物收集、贮存、利用、处置的经营活动。禁止将危险废物提供或者委托给无许可证的单位或者其他生产经营者从事收集、贮存、利用、处置活动。"对危险废物收集、利用、处置经营活动的环境污染防治实行许可证管理,是依法治国以及推进生态环境治理体系和治理能力现代化的重要组成部分,是加强环境监督管理的必要手段。《危险废物经营许可证管理办法》规定了申请领取危险废物经营许可证的条件、程序以及监督管理要求。2009 年,原环境保护部印发了《危险废物经营单位审查和许可指南》,明确了申领危险废物经营许可证的证明材料,审批程序及时限,专家评审,焚烧、填埋及利用设施的审查要点,危险废物经营许可证的内容,监督检查等要求。《水泥窑协同处置危险废物经营许可审查指南(试行)》《废烟气脱硝催化剂危险废物经营许可证审查指南》《废氯化汞触媒危险废物经营许可证审查指南》《废铅蓄电池危险废物经营单位审查和许可指南(试行)》,分别针对水泥窑协同处置设施和废烟气脱硝催化剂、废氯化汞触媒、废铅蓄电池危险废物利用处置设施申领危险废物经营许可证细化了审批要求。《危险废物经营单位记录和报告经营情况指南》明确了危险废物经营情况记录的基本要求、基本内容及危险废物经营情况报告的基本要求和内容。

5.1.5 转移管理制度

《固废法》第八十二条规定:"转移危险废物的,应当按照国家有关规定填写、运行危险废物电子或者纸质转移联单。跨省、自治区、直辖市转移危险废物的,应当向危险废物移出地省、自治区、直辖市人民政府生态环境主管部门申请。移出地省、自治区、直辖市人民政府生态环境主管部门应当及时商经接受地省、自治区、直辖市人民政府生态环境主管部门同意后,在规定期限内批准转移该危险废物,并将批准信息通报相关省、自治区、直辖市人民政府生态环境主管部门和交通运输主管部门。未经批准的,不得转移。危险废物转移管理应当全程管控、提高效率,具体办法由国务院生态环境主管部门会同国务院交通运输主管部门和公安部门制定。"危险废物转移管理制度对于监督危险废物的转移流向具有重要作用。原国家环境保护总局于 1999 年发布的《危险废物转移联单管理办法》明确了现行危险废物转移联单的运行方式,规范了危险废物转移活动。随着信息技术的发展和互联网的普及,通过全国危险废物信息管理系统,危险废物转移大量采取电子联单形式,显著提升了转移运行效率和监管工作成效。生态环境部印发的《关于提升危险废物环境监管能力、利用处置能力和环境风险防范能力的指导意见》提出全面运行危险废物转移电子联单;生态环境部办公厅印发的《关于加快推进全国固体废物管理信息系统联网运行工作的通知》要求,自 2020 年 1 月 1 日起原则上停止运行纸质危险废物转移联单,危险废物转移主要采取电子联单方式,只有在特殊情况下,不能运行电子联单时,才可以填写、运行纸质联单。

5.1.6　应急预案和事故报告制度

《固废法》第八十五条规定:"产生、收集、贮存、运输、利用、处置危险废物的单位,应当依法制定意外事故的防范措施和应急预案,并向所在地生态环境主管部门和其他负有固体废物污染环境防治监督管理职责的部门备案;生态环境主管部门和其他负有固体废物污染环境防治监督管理职责的部门应当进行检查。"《固废法》第八十六条规定:"因发生事故或者其他突发性事件,造成危险废物严重污染环境的单位,应当立即采取有效措施消除或者减轻对环境的污染危害,及时通报可能受到污染危害的单位和居民,并向所在地生态环境主管部门和有关部门报告,接受调查处理。"《危险废物经营单位编制应急预案指南》明确了危险废物经营单位编制应急预案的原则要求、基本框架、应急预案保障措施、编制步骤、文本格式等要求。产生、收集、运输危险废物的单位及其他相关单位可参考《危险废物经营单位编制应急预案指南》制定应急预案。

5.2　危险废物综合利用

危险废物综合利用是将废物循环利用的一种手段,目前对危险废物的综合利用途径为回收利用、再生利用、燃料利用等,如金属回收、有机溶剂回收等。结合《国家危险废物名录》(2021 年版)豁免管理内容和现有的危险废物处理处置技术,危险废物综合利用有以下途径。

5.2.1　常见的利用方式

为促进危险废物利用,《国家危险废物名录》(2021 年版)对危险废物进行豁免制度管理。根据名录,符合豁免条件的部分危险废物在利用环节可不按危险废物进行管理,这部分危险废物可由企业自身或企业与企业之间进行综合利用,例如,危险废物焚烧处置过程产生的废金属用于金属冶炼,含铬皮革废碎料用于生产皮件、再生革或静电植绒,铬渣满足《铬渣污染治理环境保护技术规范(暂行)》(HJ/T 301—2007)要求后用于烧结炼铁,仅具有腐蚀性、危险特性的废酸或废碱综合用作生产原料或在满足相应条件时用作工业污水处理厂污水处理中和剂,铝灰渣和二次铝灰用于回收金属铝等。

5.2.2　特定情景综合利用

危险废物种类多样,来源企业也不同,对于未列入《危险废物豁免管理清单》中的危险废物或利用过程不满足《危险废物豁免管理清单》所列豁免条件的危险废物,里面不乏可利用的成分,可以根据具体情况实行危险废物的"点对点"定向利用。"点对点"利用即是综合考虑各地区的危险废物类型、产生情况、存在的危害性等,在环境风险可控的前提下,根据省级生态环境部门已确定的方案,通过企业与企业之间的协作,将一家企业产生的危险废物,作为另一家企业环境治理或工业原料生产的替代原料进行使用,从而实现危险废物的综合利用。"点对点"利用需要企业之间的协作具有匹配性,同时也要确保贮存、运输、利用等过程的环境风险可控。

5.2.3　等离子体处理后回收利用

等离子体是一种新的物质形态,其处理原理是等离子体中高能量的电子与原子、分子碰撞,从而产生各种粒子,富集的离子、电子、激发态的原子、分子及自由基等可以与固体废弃物发生反应,使固体废弃物改性最终实现无害化。等离子体具有能量集中、高焓、反应速度快、电热转化效率高等特点,是目前处理危险废物的一种先进技术。应用热等离子体技术处理危险废物,既可以最大限度地减少危险废物,又可以对危险废物进行无害化和资源化处理。热等离子体技术处理石化含油污泥,可将含油污泥分解为可燃的小分子气体,并将其回收用作燃料;热等离子体技术处理铬渣危险废物,可将铬渣烧制成铸石,再用于冶金、建筑、煤炭等行业;热等离子体技术处理焦化废水污泥,可产生大量的可燃气体,并将其回收用作燃料;利用高温等离子体处理城市污水厂污泥,产生的类似水煤气的气体产物可回收用作燃料。

5.2.4　工业窑炉协同处置利用

利用工业窑炉协同资源化处理废弃物,是指利用企业工业窑炉等生产设施,在满足生产要求且不降低产品质量的情况下,将废弃物作为部分原料或燃料等,最终实现废弃物无害化并资源化处理。近年来,国家鼓励采用符合要求的水泥生产新型干法回转窑协同处置危险废物,利用水泥高温煅烧窑炉焚烧处理危险废物。在焚烧过程中,危险废物中的有机物成分在高温下彻底分解,产生的热量被水泥生产回收,焚烧灰渣进入水泥熟料产品中,在危险废物减量化处理的同时实现资源化。朱桂珍对北京一水泥厂利用水泥回转窑协同焚烧处置丙烯酸树脂渣、油漆渣和有机废液后得到的水泥成分进行了分析,认为上述危险废物焚烧残渣进入水泥后,不影响水泥质量,能够综合利用。姜丽杰等按照在水泥生产中的不同作用,将回转窑能够处理的危险废物分成了两类:一类是含有热值的有机废弃物,可作为二次燃料;另一类可作为水泥生产原料,如电厂粉煤灰等。同时,部分钢铁企业开发利用冶炼炉煅烧铬渣等危险废物生产自熔性烧结矿冶炼含铬生铁;部分火电厂尝试利用干化污泥或垃圾衍生燃料进行高效环保混烧,协同处理污水处理厂污泥。

5.2.5　新技术开发利用

为了促进危险废物的资源化利用,国家鼓励相关科研单位、危险废物产生单位、危险废物利用单位、危险废物处置单位等联合进行技术攻关,研究开发危险废物综合利用新技术。

第 6 章　典型案例

6.1　煤矸石、粉煤灰与炉渣综合利用

6.1.1　煤矸石综合利用

该项目占地面积为 158 508 m²,煤矸石年产量为 100 万 t。2020 年新建煤矸石综合利用项目,实现年综合利用煤矸石 80 万 t。

1) 主要技术参数

企业通过对煤矸石进行筛分,分选出精煤、泥煤、石灰石和矸石,再分别进行利用,详见表6.1。

表 6.1　产品方案一览表

产品名称	数量	备注
精煤/(t · a⁻¹)	8.22	20～80 mm,含水率8%,外售
泥煤/(t · a⁻¹)	5.26	<2 mm,含水率22%,外售给制砖厂
石灰石/(t · a⁻¹)	50.52	0～2 cm,含水率<5%,外售给其他建筑材料公司
矸石/(t · a⁻¹)	2.05	0～5 cm,含水率<%,外售给水泥熟料厂使用

2) 工艺

(1) 原料运输、卸料

矸石排场的煤矸石,通过装载机运输至给料机料斗内。本项目位于排矸场内,无须设置煤矸石原料棚堆存。此过程会产生运输粉尘和卸料粉尘。

（2）初级筛分

给料机配合振动筛,进行初级筛分,5 cm 以下的煤矸石经皮带直接密闭输送到选煤机中进行洗选,大于 5 cm 的煤矸石进入破碎机破碎。振动筛设在密闭厂房内,四周除进出口外为全封闭,设喷淋装置抑尘。运输皮带均为封闭运输。此过程会产生筛分粉尘和噪声。

（3）破碎

筛分出来的大于 5 cm 的煤矸石进入破碎机破碎,破碎后经皮带密闭送至主机房内洗矸机中洗选。破碎机均设在密闭厂房内,四周除进出口外为全封闭,设喷淋装置抑尘。运输皮带均为封闭运输。此过程会产生破碎粉尘和噪声。

（4）洗选

洗矸机设置在密闭主机房内,根据密度大小分选为矸石、石灰石半成品以及上层的洗矸废水。洗矸机分选出的矸石通过皮带运输至矸石堆棚内。由于石灰石含水率为20%～30%,且石灰石粒径较大,皮带运输过程不会产生粉尘,因此,此段皮带运输为开放式皮带运输。洗矸出来的石灰石运输至石灰石堆棚内半成品堆放处,石灰石半成品通过破碎机破碎,再通过分级筛,得到石灰石成品(粒径<2 cm,含水率5%)。洗矸废水经脱水筛脱水后送入离心机进行进一步离心脱水得到精煤成品(含水率8%),再通过皮带密闭运送至精煤和煤泥堆棚。

石灰石在破碎过程中会产生破碎粉尘和生产设备噪声,洗矸机洗矸过程会产生洗煤废水和生产设备噪声。

（5）洗矸废水回用

洗矸废水进入三级沉淀池处理,上清液进入清水池中,底泥洗煤废水收集在三级沉淀池内,通过投加絮凝剂,在搅拌和絮凝混合的作用下,进行浓缩澄清,清水收集在清水池中,三级沉淀池底抽出底流物,底流物进入压滤机,压滤后得到煤泥,滤液进入清水池中回收使用。进料中的筛分、破碎以及主机房、石灰石成品堆棚中的破碎筛分为钢结构,设置隔音棚。四周除进出口外全封闭,三级沉淀池、清水池为砖混结构;给料至主机房的运输皮带为全封闭,其他由于物料含水率较高,为开放式运输皮带。石灰石成品堆棚、煤泥精煤堆棚、矸石堆棚采用轻钢屋架进行封闭,四周除进出口外全封闭。

6.1.2 粉煤灰综合利用

某粉煤灰综合利用循环经济项目,建设4条超细磨生产线(8台3 200×13 000球磨机)、1条电厂炉渣灰磨细球磨生产线(1台3 200×13 000球磨机)、1条矿渣立磨生产线(HRM45/4S),配套建设原料库、中间储存库、产成品库和固体原料联合仓库,建设磨机联合厂房,变配电装置,空压机等公辅工程,循环冷却水、消防、环保物流运输及行政办公设施等,形成年产粉煤灰超细粉150万t,分选储备粉煤灰200万t的生产规模。

1)主要技术参数

①粉煤灰超细粉150万t/a,粒径为30 μm筛余值4%,产品比表面积750 cm²/g。

②Ⅰ级灰(副产品)10万t/a,粒径为45 μm筛余值12%,产品比表面积400 cm²/g。

③Ⅱ级灰(副产品)20万t/a,粒径为45 μm筛余值20%,产品比表面积300 cm²/g。

④超细粉煤灰执行国家标准《高强高性能混凝土用矿物外加剂》(GB/T 18736—2017),比表面积>600 m²/kg。

⑤Ⅰ级灰、Ⅱ级灰执行《用于水泥和混凝土中的粉煤灰》(GB/T 1596—2017)。

2)原辅材料

项目原辅材料主要包括电厂粉煤灰、炉底灰渣、矿渣、钢渣、石英砂、煤矸石等,详见表6.2。

表6.2 原辅材料表

名称	用量	单位	备注
粉煤灰	1 220 000	t/a	含水量≤1%,管道输送
炉底灰渣	240 000	t/a	含水量≤2%,车辆运输
矿渣	340 000	t/a	含水量≤12%,车辆运输

续表

名称	用量	单位	备注
钢渣+石英砂+ 煤矸石	163 000	t/a	含水量≤12%,车辆运输
水	12 600	m³/a	磨头及风机循环冷却水,生活用水
电	16 000	万 kW·h/a	电网供给
天然气	720	万 m³/a	燃气管道供给

　　矿渣是钢铁厂冶炼生铁时产生的废渣。在高炉炼铁过程中,除了铁矿石和燃料(焦炭),为降低冶炼温度,还需加入适当数量的石灰石和白云石作为助熔剂,它们在高炉内分解所得的氧化钙、氧化镁和铁矿石中的废矿,以及焦炭中的灰分相熔化,生成了以硅酸盐与硅铝酸盐为主要成分的熔融物,浮在铁水表面,定期从排渣口排出;经空气或水急冷处理,形成粒状颗粒物的工业废渣。项目的矿渣不涉及尾矿渣。

　　钢渣是转炉、电炉、精炼炉在熔炼过程中排出的由金属原料中的杂质与助熔剂、炉衬形成的渣,以硅酸盐、铁酸盐为主要成分的工业废渣。

　　3)工艺

(1)粉煤灰超细粉生产线工艺流程简述

　　电厂原灰由气力输送至厂区 1 座粉煤灰原灰钢板库(储量 30 000 t)存储,电厂产生的炉底灰渣由汽车运输至炉底渣储存库,由气力输灰系统送至炉底渣球磨机,经过球磨后的炉底灰渣由气力输灰系统送渣灰库,与电厂原灰一起送入分选器进行分选,分选出一级灰和二级灰,粗灰送至球磨机机头粉煤灰料仓。由气力输灰系统送至粉煤灰超细粉生产线 4 座配料库(储量 5 000 t)与硅灰,经计量秤分别对原料进行计量配料后,由封闭带式输送机送至 8 台 ϕ2.4 m×14.5 m 球磨机进行粉磨,达到要求的细粉煤灰由空气斜槽输送至成品库提升机,每台磨机配置收尘器对球磨机进行收尘。设 4 座 ϕ20 m×32 m 成品库用于储存成品,库侧设散装系统,便于成品发运。

(2)粉煤灰分选工艺流程

　　粉煤灰超细粉生产线辅助配套分选设备及储库,以满足市场对于一、二级粉煤灰的需求。在原灰库底由螺旋电子秤计量后通过气力输送斜槽和斗式提升机送入粉煤灰选粉机分选,分选后的二级灰入 1 座 ϕ46 m×46 m 二级灰库,用于二级灰的外销储库,一级灰入 1 座 ϕ12 m×20 m 一级灰库,用于一级灰的外销储库。分选后的粗灰入 1 座 ϕ46 m×46 m(储量)粗灰库,作为后续年产 150 万 t 粉煤灰超细粉生产线的来源。

本分选系统为闭路循环系统,在原灰库下直接取料,采用单点给料方式,原灰通过电动锁气器(变频调速)均匀进入负压输送管路,与管内负压气流均匀混合成气固两相流,由高压离心风机吸入粉灰粒度分选机进行粗细分选,粗灰经舌板锁气器排入粗灰库,细灰随气流进入旋风分离器进行高效分离,分离后的细灰经舌板锁气器后排入细灰库,含有微量粉尘的尾气通过耐磨高压离心风机一部分经回风管回到原状灰输送管道,形成闭式循环;另一部分经乏气管排入细灰库,通过细灰库顶的收尘器净化排空。

(3)矿渣、矿石粉磨工艺

部分湿矿渣经喂料计量后,经皮带机运输机送入 1 台 ϕ3.2 m×8.5 m 的三筒烘干机进行烘干,配套高温烟气沸腾炉,系统台时产量为 40 t/h,满足项目需求。烘干后的粉煤灰水分小于 1%。提供烘干机热源的是天然气燃料热风炉,同时,配置专用的玻璃纤维袋式收尘器,用于烘干系统的收尘。烘干后的矿渣和矿石通过输送提升设备进入过渡料仓斗,经计量后,连续不断地进入锁风给料机,落入立磨磨盘中部的矿渣在旋转磨盘的带动下,由于离心力的作用向磨盘的边缘移动,当移动到立磨的磨辊下方时,被有巨大碾压力的磨辊所碾压,由于碾压的物料之间相互挤压而被粉碎,被挤压破碎后的物料继续向磨盘外沿移动,掉入磨盘与立磨壳体之间的缝隙中,在经过立磨缝隙的环风作用下,把掉落的物料向上吹起,较粗的物料被吹回到磨盘继续粉碎,较细的物料被风吹起继续上行,被扬起的物料再经过立磨内部的分离器时,不合格的物料被分离出来,落入锥形料斗回落到立磨磨盘上继续被粉碎。合格的矿粉继续被风力牵引前行,通过布袋除尘器时被过滤并收集在除尘箱内,收集后的矿渣粉经卸料网排出,经输送设备进入矿粉料仓。掉落到磨盘与壳体间不能被风吹起的较大物料,落入立磨的壳体箱内,被固定在旋转磨盘上的刮料板刮到排料口处排出,经过输送设备及斗式提升机把排出的物料再经除铁后,重新送入过渡料仓斗内又进入立磨内继续粉磨,矿粉料仓通过气力输送系统送至粉煤灰超细粉生产线,其中 8 座 ϕ8 m×11 m 的配料库与硅灰进行配料,经计量秤分别对原料进行计量配料后,由封闭带式输送机送至 8 台 ϕ2.4 m×14.5 m 球磨机进行粉磨,达到要求的细粉煤灰由空气斜槽输送至成品库提升机,每台磨机配置收尘器对球磨机进行收尘。设 4 座 ϕ20 m×32 m 成品库用于储存成品,库侧设散装系统,便于成品发运。

具体工艺流程及污染节点如图 6.1 所示。

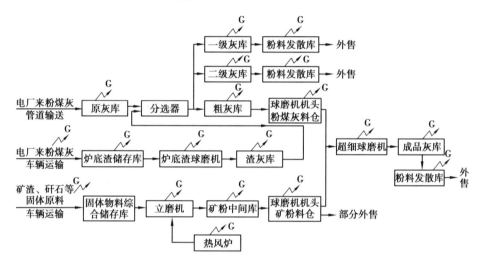

图 6.1　工艺流程及污染节点图

6.1.3　炉渣综合利用

项目建设年产 15 万 m³ 蒸压加气混凝土砌块生产线一条,总用地面积为 22 660.11 m²(约 33.99 亩),实现对企业燃煤供热期产生的炉渣和脱硫石膏等固体废弃物的再生利用。

1)主要技术参数

①蒸压加气混凝土砌块规格:600 mm×240 mm×200 mm、600 mm×300 mm×200 mm、600 mm×200 mm×175 mm。

②蒸压加气混凝土砌块数量:15 万 m³/a。

③蒸压加气混凝土砌块标准:《蒸压加气混凝土砌块》(GB 11968—2020)。

2）原辅材料

主要原辅材料包括供热企业燃煤产生的炉渣和脱硫石膏,以及外购的水泥、生石灰,其中,炉渣占比70%,脱硫石膏占比3%。炉渣烧失量≤8.0%,细度(80 μm 方孔筛筛余量)≤25%。具体原辅材料见表6.3。

表6.3　原辅材料一览表

序号	名称	配比	年使用量	来源
1	炉渣	70%	60 375 t/a	临近供热公司供应
2	生石灰	17%	14 700 t/a	购买
3	水泥	9.88%	8 520 t/a	购买
4	脱硫石膏	3%	2 595t/a	购买
5	铝粉膏	0.08%	69 t/a	购买
6	外加剂	0.04%	34.5 t/a	购买
7	水	水料比为0.6	51 750 m³/a	市政供水
8	尿素	—	13.69 t/a	购买
9	氧化镁	—	17.97 t/a	购买

3）工艺

本项目工艺主要由原料准备、配料浇筑、热室初凝、坯体切割、静停养护、蒸压养护、成品吊运7个工段组成。

（1）原料准备

①水泥。水泥用罐车运入厂内,由罐车上自备气力输送系统采用负压将其泵入水泥筒仓中,在仓顶由于呼吸作用会产生粉尘排放,使用时通过螺旋输送机进入高速浇注搅拌机。

②炉渣。炉渣为甘肃环州热力集团有限公司的燃煤炉渣,由汽车运至堆棚中贮存,生产用料时,计量后入球磨机进行粉磨,粉磨完后送入混合料浆池内待用。

③生石灰、脱硫石膏。

A.块状生石灰进厂后,通过铲车送入破碎机受料斗,由胶带输送喂入颚式破碎机破碎,破碎后的生石灰经斗式提升机送入生石灰筒仓,仓顶会产生无组织排放的粉尘;再由螺旋输送机喂入斗式提升机提至生石灰磨头进入球磨机磨细,磨好的生石灰经斗式提升机送入生石灰仓待用。生石灰再经计量后,由皮带输送机送入球磨机磨细。磨好的生石灰经斗式提升机送入生石灰仓待用。球磨机运行时为全封闭式,球磨机冷却循环系统会产生循环冷却废水;在受料斗会产生无组织粉尘,颚式破碎机运行时会产生粉尘排放;从球磨机出来的粉料送入生石灰仓时,在仓顶由于呼吸作用会产生粉尘。

B. 脱硫石膏进厂后堆放在脱硫石膏堆棚内,堆棚为一层门式钢架结构,不会产生粉尘;生产用料时,采用封闭负压式进料方式,不会产生粉尘。

④铝粉膏及外加剂。铝粉膏及外加剂为桶装和袋装,用小车从原料库中推至配料车间,由简易提升设备提至铝粉搅拌机旁,按确定配比加水一起搅拌成浆备用。

(2)配料浇注

水泥经电子秤称量,炉渣料浆经计量罐计量,按比例配入搅拌机中,生石灰、脱硫石膏混合料经计量后入搅拌机,铝粉膏、外加剂混合料经铝粉搅拌机搅拌后直接输入搅拌机中,各组成材料按废浆及混合浆、胶结料浆、水泥、铝粉膏及外加剂混合料浆顺序投入搅拌机中进行规定时间的搅拌。搅拌时同时送入蒸汽,以提高料温。搅拌好的料浆随后浇注入模,采用定点浇注工艺。此工艺便于与热室初凝相结合,实现流水作业,避免移动浇注工艺在车间温度较低时,生产受气温影响的缺点。此工段约需 7 min。

(3)热室初凝

浇注好的模具经电动摆渡车送入初凝养护室内,料浆的初凝过程在初凝养护室内完成,所用时间为 2 ~ 3 h。

(4)坯体切割

达到切割强度的坯体连同模框,由行车吊到已装好蒸压底板的切割机上,吊具升起的同时即可卸去模框,模框拆卸完成后进行冲洗及预处理,然后再用于生产。切割机按照预先设定的尺寸规格进行坯体的纵、横、水平方向的切割,每模切割约 6 min 就可完成。坯体切割完毕后,切割下来的废料,经加工成废料浆,泵送至废浆贮罐中重复使用。

(5)静停养护

浇注好的模具经电动摆渡车送入静停养护室内完成发气反应并使坯体硬

化。混合料浆在模具中进行一系列的化学反应,产生气泡并使加气混凝土料浆体积膨胀,当料浆表面涨到一定的高度,完成发气反应,继而完成料浆的稠化、硬化过程,最后形成加气混凝土坯体,具备切割条件。静停时间为 2 ~ 3 h,静停温度为 40 ℃ 左右。为提高砌块板材的产量和质量,坯体采用釜前预养的方式进行生产。切割后的坯体经吊车吊至蒸养小车,再由摆渡车过渡至养护区,由卷扬机拉至釜前预养室,进行编组预养。釜前预养室内温度保持在 80 ~ 100 ℃。

(6)蒸压养护

预养后,带坯体的蒸养小车由卷扬机拉入蒸压釜内,釜内已养护好的砌块板材同时被拉出。然后关闭釜门,抽真空后送入蒸汽,进行升温升压、恒温恒压、降温降压的蒸压养护。蒸压养护时间为 10 h。蒸压釜会产生冷凝废水。

(7)成品吊运

蒸压养护结束后,带砌块板材的小车由卷扬机拉出,在吊运车间中停放一定时间进行冷却,然后由吊具将成品吊至平板拖车上,送至成品堆场,经人工检查分级后分别堆放,蒸压底板和蒸养小车经横移车运到回车道,再返回切割车间备用。项目皮带输送机全部带密闭防尘罩,斗式提升机、螺旋输送机全部密闭,粉尘产生量较小。

本项目对锅炉烟气采用"SNCR 脱硝+布袋除尘+氧化镁湿法脱硫"工艺进行处理,处理后烟气经离地面 40 m 高的排气筒排放。

6.2　冶炼废渣综合利用

6.2.1　电解锰渣综合利用

项目建设有两条电解锰渣煅烧脱硫生产线,单条规模为 1 800 t/d 活化脱硫锰渣,采用四级单系列旋风预热器(无分解炉)配套 ϕ5. 2 m×82 m 回转窑及四代篦式冷却机的技术装备。脱硫锰渣既可用作水泥混合材,也可用作生产水泥熟料的原料;同时,配套建设一套烟气制酸装置,对锰渣处理系统的烟气进行处理,回收烟气中的硫资源生产工业硫酸。

1）主要技术参数

①产量：≥ 2×1 800 t/d。

②煅烧热耗：≤720 kcal/kg 脱硫锰渣。

③系统电耗：≤72 kW·h/t 脱硫锰渣（不包含水、暖动等公用设施以及烘干用煤粉的电力消耗）。

④脱硫锰渣中 SO_3 含量：≤2.0%。

⑤窑尾尾气 SO_2 浓度：>7.0%。

⑥窑尾电收尘出口含尘浓度：≤50 mg/m³。

⑦窑尾电收尘出口温度：≤200 ~ 250 ℃。

⑧烘干热耗：≤505.0 kcal/kg 脱硫锰渣。

⑨制酸系统产能：300 kt/a（折合 100% H_2SO_4），98% 或 92.5% 工业硫酸（根据气温选择产品浓度），符合国家标准《工业硫酸》（GB/T 534—2014）的一等品指标。

2）原辅材料

（1）原、燃料化学成分

本项目建设两条 1 800 t/d 脱硫锰渣生产线，采用电解锰渣、焦炭二组分配料，燃料采用宁夏青铜峡市的烟煤作为烧成燃料。化学成分及工业分析见表 6.4—表 6.8。

表 6.4 电解锰渣平均化学成分

成分	L.O.I	SiO_2	Al_2O_3	Fe_2O_3	CaO	MgO	K_2O	Na_2O	SO_3	Cl^-	SM	AM
含量/%	7.49	31.26	6.54	3.54	13.91	3.03	0.64	0.80	29.16	0.010	3.10	1.85

表 6.5 焦炭工业分析

成分	M_{ad}	A_{ad}	V_{ad}	FC_{ad}	$S_{t,ad}$	$Q_{net,ad}$
含量	0.28%	12.20%	1.72%	85.80%	0.39%	29 320 kJ/kg

表6.6 焦炭化学分析

成分	L.O.I	SiO_2	Al_2O_3	Fe_2O_3	CaO	MgO	K_2O	Na_2O	SO_3	Cl^-	C
含量/%	1.72	5.14	2.46	1.24	1.39	1.01	0.12	0.07	0.98	0.021	85.80

表6.7 原煤工业分析

成分	M_{ad}	A_{ad}	V_{ad}	FC_{ad}	$S_{t, ad}$	$Q_{net, ad}$
含量	5.12%	13.37%	31.12%	49.73%	0.66%	24 030 kJ/kg

表6.8 煤灰化学分析

成分	SiO_2	Al_2O_3	Fe_2O_3	CaO	MgO	K_2O	Na_2O	SO_3	Cl^-
含量/%	49.99	16.06	6.57	15.56	1.04	1.45	1.01	6.78	0.004

（2）配料设计

本项目采用"96%烘干锰渣+4%焦炭"的配料方案,配料设计及化学成分见表6.9、表6.10。

表6.9 配料设计

配料	烘干锰渣/%	焦炭/%	理论料耗(t生料/t脱硫锰渣)
含量	96.00	4.00	1.626 5

表6.10 生料及脱硫锰渣的化学成分

单位:%

类型	L.O.I	SiO_2	Al_2O_3	Fe_2O_3	CaO	MgO	K_2O	Na_2O	SO_3	Cl^-	C
生料	7.26	30.22	6.38	3.45	13.41	2.95	0.62	0.77	28.03	0.010	3.73
锰渣	—	49.36	10.47	5.63	21.71	4.73	1.02	1.25	1.01	0.016	—

（3）物料平衡表

具体物料平衡表见表6.11。

表 6.11 物料平衡表(单条生产线)

类型	水分/%	物料配比/%	消耗定额/(t·t⁻¹)		物料平衡量/t					
			干燥	含水	干燥的			含水的		
					每时	每天	每年	每时	每天	每年
电解锰渣	20	96	1.569	2.092	117.7	2 825	875 662	156.9	3 766.3	1 167 549
焦炭	1	4	0.065	0.066	4.9	117	36 486	4.95	118.9	36 854
生料	—	—	1.634	—	122.6	2 942	912 148	—	—	—
脱硫锰渣	—	—	1.0	—	75.0	1 800	558 000	—	—	—
烧成用煤	10	—	0.13	0.144	9.7	233	72 340	10.8	259.3	80 378

注:①以脱硫锰渣(1 800 t/d)为平衡基准。

②设计年运转天数:310 d。

③煅烧热耗:3 011 kJ/kg。

④烧成用煤空气干燥基低位热值为 24 030 kJ/kg。

⑤生产损失:生料 0.5%,烧成用燃料 2.0%。

3)工艺

(1)电解锰渣烘干(A、B 线相同)

电解金属锰渣由汽车运输进厂后卸料至露天堆场堆存,风干至水分≤20%后由车辆转运至电解锰渣堆棚或电解锰渣专用卸料斗,在卸料斗顶部设置钢格栅。电解锰渣经料斗底部链板秤计量后由带式输送机输送至电解锰渣烘干破碎车间。

电解锰渣烘干车间选用烘干破碎机工艺,烘干热源来自煤粉热风炉。来自电解锰渣输送车间的电解锰渣经立式叶轮给料机喂入烘干破碎机;经破碎机破碎、烘干后,物料与废气一起进入旋风除尘器、袋收尘器;经旋风除尘器与袋收尘器收集后进入生料均化库,将废气净化后排空。

(2)焦炭及原煤预处理(A、B 线共用)

焦炭及原煤由汽车运输进厂后卸至焦炭及原煤堆棚。焦炭经铲车取料后由专用料斗及输送系统输送至焦炭及原煤预均化堆场均化、储存。原煤经铲车取料后经原煤破碎机破碎后,再经与焦炭共用的带式输送机输送至焦炭及原煤预均化堆场均化和储存。

焦炭经取料机取料后由带式输送机输送至焦炭粉磨车间的焦炭仓;原煤经取料机取料后由带式输送机输送至 A 线煤粉制备车间的原煤仓,经转运后由带式输送机输送至 B 线煤粉制备车间。

(3)煤粉制备及计量输送(A、B 线相同)

原煤经原煤仓卸出后经定量给料机计量入原煤辊式磨,粉磨后的物料经辊式磨自带选粉机分选后,粗粉回磨继续粉磨,成品与废气一起进入袋收尘器,经袋收尘器收集后进入两个煤粉仓,将废气净化后排空。窑头用煤粉经仓底卸出后再经煤粉计量秤计量后由气力输送系统输送至窑头燃烧器;烘干破碎机用煤粉经仓底卸出、煤粉计量秤计量后由气力输送系统输送至煤粉热风炉燃烧器。煤粉制备的烘干热源来自烧成窑头的废气。

(4)焦炭粉末(A、B 线共用)

焦炭经焦炭仓卸出后,再经定量给料机计量入焦炭立磨,粉磨后的物料经自带选粉机分选后,成品与废气一起进入袋收尘器,经袋收尘器收集后进入焦炭粉仓,将废气净化后排空。焦炭粉经仓底卸出后由气力输送系统分别输送至 A、B 线的生料均化库车间的焦炭粉仓待用。

(5)生料均化库及生料入窑(A、B 线相同)

均化库车间设置 $\phi12$ m 混凝土库及 $\phi6$ m 钢仓;$\phi12$ m 混凝土库用于烘干锰渣的储存;$\phi6$ m 钢仓用于焦炭粉的储存;预留 $\phi6$ m 生石灰粉储存的钢仓。

烘干的锰渣(即生料)经库底卸出后,再由入窑提升机及空气输送斜槽组成的输送系统进入预热器框架顶部的生料称重仓。生料从仓底卸出后,经生料计量秤计量后,再进入预热器。焦炭粉经仓底计量称量后,可由机械输送系统输送并与 C_4 下料管的物料混合后入窑,同时,也可与生料一起从预热器顶部入窑。预留的生石灰粉储存库主要用于调节入窑生料的成分。生石灰粉在仓底计量卸出后,输送至入窑提升机的进口,与烘干的锰渣一起进入预热器。

(6)烧成系统(A、B 线相同)

生料经预热器预热后,与焦炭粉一起进入回转窑进行煅烧和脱硫;预热器不设置分解炉。含硫废气经 C_1 排出后,经空气冷却器降温至小于等于 200 ~

250 ℃后,再由高温风机送至电收尘器,经电收尘器净化后输送至硫酸锰制备工段使用。空气冷却器可以根据 C_1 出口温度选择旁路运行。电收尘器和空气冷却器收集的窑灰被进入单独的窑灰仓,与生料在烘干破碎机运行时混合后一起进入生料均化库。

经过煅烧和脱硫的锰渣从窑头卸出,经第四代篦式冷却机冷却,再由链斗式输送机输送至脱硫锰渣储存库储存。储存库库底设计有汽车散装通道,以便将脱硫锰渣通过汽车运输出厂。窑头废气由窑头风机抽出后,一部分作为煤粉制备的热源,另一部分作为烘干破碎机的专用煤粉热风炉的热源,窑头不再设置额外的废气处理装置。

(7)烟气制硫酸

①净化工段。该工段选用了动力波洗涤烟气净化技术。采用稀酸洗涤、绝热蒸发冷却和部分排放工艺。

主工艺流程为:一级动力波洗涤器→二级动力波洗涤器→气体冷却塔→一级电除雾器→二级电除雾器。其工艺流程简述如下:

来自锰渣煅烧电收尘器的烟气首先进入一级动力波洗涤器,在逆喷管中与洗涤液发生碰撞接触,产生传热和传质,达到对烟气进行绝热降温和除尘除杂的效果。随后烟气和洗涤液进入一级动力波气液分离塔进行气液分离。

一级动力波出来的烟气进入二级动力波,在二级动力波洗涤器中进一步除去烟气中的烟尘和杂质。随后气体进入气体冷却塔进行冷却。

在气体冷却塔循环泵后设置稀酸冷却器,用循环水冷却循环酸。经冷却后的喷淋酸进入气体冷却塔分酸槽自上往下淋洒,使烟气进一步降温和除尘。

气体冷却塔将烟气温度降至 36 ℃以下。随后经过两级电除雾器处理,除去烟气中的夹带的酸雾和进一步除去烟尘等杂质,随后将烟气送往干吸工段的干燥塔。

一级动力波洗涤器的气液分离塔底部设计成锥形,在锥形底部的直筒体侧边抽出循环酸液,用泵将其分别送入逆喷管喷嘴和溢流堰。在循环酸中抽出一部分经过 SO_2 脱吸塔处理后,送往废酸废水处理工段。

一级动力波洗涤器的锥底抽出的底流送往净化压滤机进行压滤,产生的滤饼送往前段煅烧工序,而压滤机的清液则返回一级动力波洗涤器。

净化补充水从气体冷却塔加入,然后从气体冷却塔向二级动力波串酸,再从二级动力波向一级动力波串酸。

为了避免在生产过程中由于突然停电、停泵等事故发生时,烟气温度过高而烧坏玻璃钢(又称纤维增强复合塑料,Fiber Reinforced Plastics,FRP)等非金属材料制造的净化设备及管道,在一级动力波逆喷管部分设置了溢流堰和事故喷嘴,通过事故高位槽供液。事故高位槽内存放的工艺水在事故时可以持续供液一段时间,对一级动力波做出安全保护。

该工段的主要设备、烟气和稀硫酸管道均采用 FRP 制作。

②干吸工段。该工段采用了低位高效的一级干燥、两级吸收的干吸工艺。对净化后的烟气进行干燥,以及对转化后的 SO_3 烟气进行吸收。其工艺流程简述如下:

来自净化工段的烟气进入干燥塔,与塔内喷淋的95%浓硫酸充分接触,吸收烟气中的水分,在干燥塔的顶部设置捕沫器,烟气通过捕沫器将酸沫除去后进入 SO_2 风机。

来自一次转化后含 SO_3 烟气进入一吸塔,与塔内喷淋的98.5%的浓硫酸充分接触,吸收烟气中的 SO_3 生成硫酸,烟气经一吸塔顶设置的纤维除雾器除去酸雾后再进入转化工段进行二次转化。

经过二次转化的含 SO_3 烟气进入二吸塔,与塔内喷淋的约98.5%的浓硫酸充分接触,吸收烟气中的 SO_3 生成硫酸,烟气经二吸塔顶设置的纤维除雾器除去酸雾后,再送去尾气脱硫工段。

干燥塔、一吸塔、二吸塔的循环酸分别流入各自的卧式泵槽,然后由泵打入各自浓酸冷却器,循环酸经冷却水冷却后,分别进入各塔中循环使用。

干燥塔、一吸塔、二吸塔,通过各自的循环槽对液位、酸浓度进行调节和控制串酸,达到整个干吸工段酸浓度和液位的均衡。

二吸塔抽出的98.5%的酸在成品中间槽通过加水调节酸浓度至98%或92.5%,经成品酸冷却器冷却至40 ℃送去厂区现有的成品酸罐。

该工段的主要设备均采用碳钢内衬耐酸瓷砖制作;主要浓酸管道采用带阳极保护的316L不锈钢制作。

③转化工段。该工段采用了"3+1"的两次转化工艺,换热流程为Ⅳ、Ⅰ ~ Ⅲ、Ⅱ。其工艺流程简述如下:

净化工段出口的烟气经过干燥,通过 SO_2 加压,先后经过第Ⅳ、第Ⅰ热交换器,被转化第四层出口的烟气和转化第一层出口的烟气先后加热,进入转化器第一段进行反应。

转化器第一段出口烟气经过第Ⅰ热交换器降温后进入转化器,第二段进行反应。第二段出口烟气经第Ⅱ热交换器降温后再进入第三段进行反应。第三段出口烟气经第Ⅲ热交换器降温后送去干吸工段一吸塔。

一吸塔吸收掉烟气的 SO_3 后,先后经过第Ⅲ、第Ⅱ热交换器,被转化器第三层、第二层出口的烟气加热后,进入转化器第四段进行反应,转化器第四段出口烟气经过第Ⅳ热交换器降温后再送去干吸工段二吸塔。

转化系统的升温预热采用电炉。在系统开始升温时,可以通过电炉加热使烟气达到需要的温度。此外,在生产运行时如果 SO_2 浓度不够等原因导致系统无法维持热平衡,也可以开启电炉补热。

本工段中,转化器和第Ⅰ热交换器及相关烟气管道因温度较高,采用 304L 不锈钢制造,其余热交换器及相关烟气管道采用 Q345 碳钢。

④尾气脱硫工段。该工段采用双氧水脱硫工艺,其工艺流程简述如下:

来自二吸塔的硫酸尾气送到硫酸尾气脱硫塔,脱硫塔为填料塔的形式,烟气在塔内经过填料,和喷淋的双氧水溶液充分接触,吸收烟气中的 SO_2。然后经过塔顶设置的屋脊式除雾器除去烟气中夹带的酸雾和颗粒物后,再通过烟囱排放。

尾气脱硫装置产出的稀硫酸送往干吸工段,作为系统补充水使用。可以减少工艺水的消耗。

脱硫塔采用 FRP 制造;双氧水管道采用不锈钢;循环液管道采用 FRP。

6.2.2 钢渣综合利用

重庆钰宏再生资源有限公司在长寿区江南片区建设有一条年产 60 万 t 矿渣微粉生产线,该项目厂区位于重钢集团四号门岗外的茶涪路东南侧,主要利用重钢对其产生的钢渣进行粒铁回收后的尾矿渣,距离近,利用成本低。

1)主要技术参数

①设计能力:60 万 t/a 矿渣微粉。

②年用水量(生活用水):15.62 万 t/a。

③年用电量:2 641 万 kW·h(园区供电)。

④钢渣含水率:18%。

2)原辅材料

根据项目工程要求的矿渣级别,不掺入石膏或其他物料。该项目原料为重庆钢铁集团高炉水渣,含水率为18%,根据送检的钢渣化学组分说明,项目钢渣的主要成分为氧化钙、二氧化硅、三氧化二铝、氧化镁等,性质相对稳定。具体原辅材料及组分说明见表6.12、表6.13。

表6.12　项目主要原辅材料消耗一览表

序号	物料名称	年耗量	来源
1	钢渣(高炉水渣)	73.54 万 t/a	重庆钢铁集团
2	燃煤	2.0 万 t/a	烟煤
3	脱硫生石灰	138.24 t/a	—

表6.13　钢渣组分说明表

化学组分	CaO	SiO_2	Al_2O_3	FeO	MgO	其他
含量/%	32.21	28.22	16.46	1.2	9.34	12.57

3)工艺

项目主要的生产工艺流程有矿渣储运、转运受料、矿渣粉磨(采用辊式立磨)、成品输送、储存、散装外运。生产工艺流程以及产物分析如图6.5所示。

矿渣储存与送料:矿渣由汽车运输进厂卸料至 30 m×120 m 矿渣堆场,总储量约为 15 000 t,再由装载机运至卸料受料仓内,经料仓下卸料皮带秤计量后,用胶带输送机送至矿渣立磨粉磨。

矿渣立磨粉磨:采用国产 LY4340 型辊式磨系统,来自计量后的原料通过磨头锁风阀进入矿渣立磨磨内进行粉磨。该辊式磨系统集烘干、粉磨、选粉于一体,并利用热风炉作为烘干热源。原料在磨机内的磨盘上,被磨辊碾压粉碎成细粉,并被通入磨内的热风烘干。辊式磨系统示意图如图6.2所示。

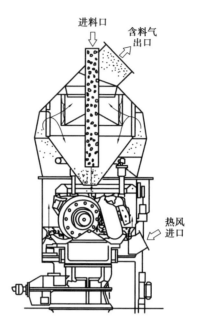

进料口

含料气出口

热风进口

图 6.2　辊式磨系统示意图

入磨粒度≤75 mm,入磨水分≤20%,出磨水分≤0.5%,成品比表面积为420~450 m²/kg,最大生产能力可达 90 t/h。由于磨盘的旋转带动磨棍转动。物料受离心力作用向磨盘边缘移动。并被啮入磨棍底部而粉碎,磨盘的转速比较高,物料进入磨盘后,物料不仅在棍下被压碎,而且被推向外缘,越过挡料圈落入风环,被高速气流带起,大颗粒破折回落到磨盘,小颗粒被气流带入分离器,在回转风叶的作用下进行分离。粗粉重新返回磨盘粉磨,合格的粉料随气流带出机外。携带矿渣成品出磨的高浓度含尘气体随后进入收尘器,进行料气分离。

料气分离:采用低压长袋脉冲袋式收尘器进行收尘,收尘器的运行风量为400 000 m³/h,全压为 7 500 Pa。这种长袋低压脉冲收尘器是在常规短袋脉冲收尘器的基础上进行改进的,通过加长滤袋,充分发挥压缩空气强力喷吹清灰的作用。通过收尘器布袋过滤收集的成品,通过输送系统中的空气输送斜槽和提升机送入成品库。出收尘器的洁净气体经过风机后,大部分作为循环风重新回到磨内,其余的微量含尘气体则排入大气。

热风炉:直燃式燃煤热风炉,由燃煤机、高温气体净化沉降室和混风室组成。煤通过上煤机加入燃煤机的煤斗中,然后由链条炉排匀速送入燃烧室,在鼓风机鼓入的空气作用下剧烈燃烧。燃煤产生的含尘高温烟气被送入高温气体净化沉降室。高温气体净化沉降室由耐火材料砌筑而成,烟气在净化室内进行二次燃烧,烟气中所夹带的少量粉尘在净化室内经高温聚合沉降。连续供热风温度稳定性控制在±5 ℃。热风炉的主体结构示意图如图 6.3 所示。

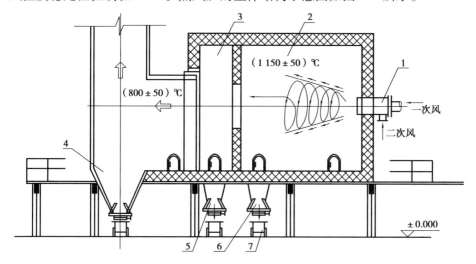

图 6.3　热风炉工作结构示意图

1—煤粉燃烧器;2—燃烧室炉膛;3,4—混合室;

5—混合室出渣斗;6—燃烧室出渣斗;7—出渣小车

矿渣均化与储存:项目设置 3 座成品库储存出磨矿渣微粉,总储量 15 000 t。每个库底分别采用 1 套库底散装系统。由于矿渣质量比较稳定,采用多股流均化(MF)库(以下简称"MF 库"),库底中心设有一个减压圆锥,通过它将库内物料质量传到库壁上,圆锥周围的环形空间被分为向中间倾斜的 8 个充气区。当到某个区充气时,该区上部物料下落,从库底到储料顶面相当缓慢地形成漏斗状料流,料流横断面上包含许多层不同时间的料层,依靠重力产生混合均化。每个区的料进入减压锥后,又依靠连续充气搅拌得到气力二次均化。MF 库结构示意图如图 6.4 所示,工艺流程及产污示意图如图 6.5 所示。

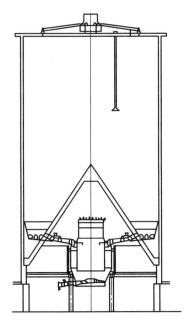

图 6.4 MF 库结构示意图

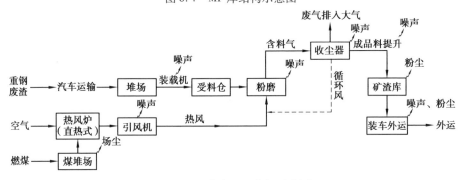

图 6.5 工艺流程及产污示意图

6.3 工业副产石膏综合利用

6.3.1 磷石膏综合利用

1）主要技术参数

①磷石膏综合利用产品量:90 万 t/a(60 万 t/a 水泥缓凝剂和 30 万 t/a 建

筑石膏粉)。

②建筑石膏粉:建筑石膏组成中 β-半水硫酸钙(β-CaSO$_4$·1/2H$_2$O)的含量(质量分数)应不小于 60.0%。

③水泥缓凝剂:硫酸钙含量(质量分数)≥75%,H$_2$O 含量(质量分数)≤16% 控制,产品粒度不大于 300 μm。

2)原辅材料

建筑石膏粉主要原辅材料见表 6.14,水泥缓凝剂主要原辅材料见表 6.15,磷石膏主要化学成分为 SO$_3$、CaO、SiO$_2$,另含有一定量的 P$_2$O$_5$ 和 F,主要成分见表 6.16。

表 6.14　建筑石膏粉主要原辅材料耗量表

序号	名称	主要规格	单位	吨产品单耗量	年消耗量	备注
一	主要原辅材料					
1	磷石膏	—	t	1.582	474 600	来自磷石膏暂储场,含水 25%
二	能耗					
1	天然气	—	m^3	51.6	1 5480 000	—
2	电	—	kW·h	90	27 000 090	—

表 6.15　水泥缓凝剂装置主要原辅材料耗量表

序号	名称	主要规格	单位	吨产品单耗量	年消耗量	备注
一	主要原辅材料					
1	磷石膏	—	t	1.145	687 000	来自磷石膏暂储场,含水 24%
2	石灰	—	t	0.01	6 000	外购
二	能耗					
1	电	—	kW·h	12	7 200 000	—

表 6.16　磷石膏主要化学成分组成表

类型	F	MgO	Al$_2$O$_3$	P$_2$O$_5$	SO$_3$	K$_2$O	CaO	Fe$_2$O$_3$
含量/%	0.41	0.25	1.62	1.08	47.80	0.87	37.69	0.58

3）工艺

建筑石膏粉采用锤式烘干和沸腾炉。

（1）反应原理

磷石膏是湿法磷酸生产过程中产生的工业废渣，其主要成分为 CaSO$_4$·2H$_2$O 和 CaSO$_4$·1/2H$_2$O，一般为浅灰色粉状固体，含有 8% ~25% 的游离水。

石膏按结晶类型可分为二水石膏、半水石膏、无水石膏（Ⅰ、Ⅱ、Ⅲ）3 类。一般在石膏温度升至 120 ℃时，开始由二水石膏脱水转化为半水石膏；升至 160 ℃时，再由半水石膏脱水转化为可溶性的无水石膏（Ⅰ）；升至 400 ℃时，转化为难溶性的无水石膏（Ⅱ）；升至 1 200 ℃时，转化为不溶性的无水石膏（Ⅲ）。建筑石膏粉的主要成分为半水石膏，可制备石膏墙板、石膏砌块和粉刷石膏等。

（2）生产工艺流程和产污环节分析

原料石膏经打散送至锤式烘干机，利用沸腾炉脱水尾气余热对磷石膏进行初步脱水，去除游离水。去除游离水后石膏粉经旋风分离后，将物料送入沸腾炉进一步脱出结晶水，尾气（G$_{13-1}$）经布袋除尘器除尘后经 30 m 的烟囱排放。热风炉利用天然气燃烧作热源，直接加热空气，把热空气送入沸腾炉对磷石膏进行脱除结晶水。除掉结晶水的石膏粉随脱水尾气进入旋风除尘器进行产品收集，计量包装，即为建筑石膏粉产品。

余热废气经旋风除尘后再经收集产品后的尾气进入锤式烘干机对磷石膏进行预烘干，原料石膏含水率高（25%）且是容易打散，皮带输送机给料，粉尘产生量极小，不考虑此处的破碎粉尘，考虑建筑石膏粉产品在输送过程中产生无组织粉尘（G$_{13-2}$）。建筑石膏粉装置产排污情况见表 6.17。

水泥缓凝剂采用碱性物质改性法。生石灰经计量后与计量后的磷石膏加入均化混料斗，均采用螺旋输送加入，再经混料机进一步均化，送入暂储库陈化、翻堆，即制得改性水泥缓凝剂产品。产品翻堆、原料生石灰投加产生无组织排放粉尘（G$_{14-1}$）。水泥缓凝剂产排污情况见表 6.18。

表 6.17 建筑石膏粉装置产排污情况一览表

		产生情况				排放口/面源参数				排放情况		
代号	产污单元	废气量 /(m³·h⁻¹)	污染物	产生浓度 /(mg·m⁻³)	产生量 /(t·a⁻¹)	处理措施及效率	高度 /m	内径 /m	温度 /℃	排放方式	排放浓度 /(mg·m⁻³)	排放速率 /(kg·h⁻¹)	排放量 /(t·a⁻¹)

废气

代号	产污单元	废气量 /(m³·h⁻¹)	污染物	产生浓度 /(mg·m⁻³)	产生量 /(t·a⁻¹)	处理措施及效率	高度/m	内径/m	温度/℃	排放方式	排放浓度/(mg·m⁻³)	排放速率/(kg·h⁻¹)	排放量/(t·a⁻¹)
G₁₃₋₁	干燥	100 000	颗粒物	3 000	2 160	旋风+布袋/去除率99%	30	1.5	80	连续	30	3	21.6
			SO₂	2	1.44						2	0.2	1.44
			NOₓ	10	7.2						10	1	7.2
G₁₃₋₂	无组织排放	—	粉尘	—	6	—	44×56×10			连续	—	0.83	6

噪声

代号	声源名称	数量/台数	治理前单台声压级 (1 m处)/dB(A)	治理措施	治理后单台声压级 (1 m处)/dB(A)	运行情况
N₁₃₋₁	锤式烘干机	1	80	隔声、减振	65	连续
N₁₃₋₂	鼓、引风机	2	95	减振、隔声、消声	75	连续

表 6.18 水泥缓凝剂装置产排污情况一览表

废气

产污单元 代号	污染物	产生情况 产生浓度/(mg·m⁻³)	产生量/(t·a⁻¹)	处理措施及效率	排放口/面源参数 高度/m 内径/m 温度/℃	排放方式	排放浓度/(mg·m⁻³)	排放速率/(kg·h⁻¹)	排放量/(t·a⁻¹)
G$_{14-1}$	颗粒物 无组织排放	—	12	加强维护和管理	44×56×10	连续	—	1.7	12

噪声

代号	声源名称	数量/台	治理前单台声压级(1 m处)/dB(A)	治理措施	治理后单台声压级(1 m处)/dB(A)	运行情况
N$_{14-1}$	搅拌机	2	90	隔声、减振	75	
N$_{14-1}$	泵	1	80	隔声、减振	65	连续

6.3.2 脱硫石膏综合利用

综合利用脱硫石膏年产 60 万 t 建筑石膏生产项目,生产石膏粉、石膏基砂浆、石膏基自流平、玻化微珠等,用于燃煤电厂脱硫石膏利用处置。

1）主要技术参数

①年产 20 万 t 石膏粉生产线一条。

②年产 10 万 t 石膏基砂浆生产线一条。

③年产 5 万 t 石膏基自流平生产线一条。

④年产 1 万 t 玻化微珠生产线一条。

2）原辅材料

脱硫石膏综合利用项目的原辅材料见表 6.19。

表 6.19 原辅材料表

序号	产品	原辅材料	单位	数量	来源
1	石膏粉	脱硫石膏	万 t/a	40	电厂
		蒸汽	万 t/a	1	电厂
2	石膏基砂浆	石膏粉	万 t/a	8	自产
		干砂	万 t/a	1.2	外购
		水泥	万 t/a	0.5	外购
		外加剂	万 t/a	0.2	外购
		辅料	万 t/a	0.5	外购
3	石膏自流平	石膏粉	万 t/a	4	自产
		粉煤灰	万 t/a	1	电厂
		细砂	万 t/a	0.5	外购
		添加剂	万 t/a	0.4	外购
		水泥	万 t/a	0.6	外购
4	玻化微珠	珍珠岩	万 t/a	1.25	外购

3）工艺

（1）石膏粉工艺流程

①干燥工段。来自脱硫石膏库的物料通过给料箱、皮带、螺旋给料机均匀地喂入管束干燥机内。脱硫石膏在以电厂余热为热源的管束干燥机内进行预干燥。通过间接式传热方式，将蒸汽中的热量传递给脱硫石膏，脱硫石膏吸收热量后温度升高。脱硫石膏随着温度升高，一边升温，一边脱去其中的游离水，在这个过程中脱硫石膏将进行干燥；当温度达到一定值时，脱硫石膏干燥完成。然后送到电厂余热蒸汽炉二次干燥，脱硫石膏继续升温，当温度达到170 ℃时，脱去二水石膏中的部分结晶水，直到脱去一个半结晶水，干燥完成。在生产控制时，采用稳定脱硫石膏的加入量，用调节导蒸汽温度的方法来调节沸腾炉出料的温度。蒸汽由电厂供给。

②改性磨工段。来自干燥工段后的建筑石膏，通过输送设备连续进入改性磨机内，物料在改性磨机内不断破碎，不断改变建筑石膏的形状。扩大石膏粉颗粒的级配，经改性后的建筑石膏出磨机后得到成品石膏粉，通过输送设备送入料仓内。其中，搅拌和包装过程会产生一定粉尘。

石膏粉具体生产工艺流程图如图6.6所示。

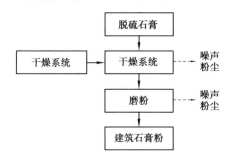

图6.6　石膏粉具体生产工艺流程图

（2）石膏基砂浆生产工艺流程

将石膏粉（项目区自制）、干砂、水泥、辅料、外加剂等，成一定比例进入混合机后，混合机即进行多级混合工作，该混合机混合速度快且能保证混合的均匀性，混合的能力决定于粉料的密度和混合时间。混合后装袋，即得到成品石膏基砂浆。其中，搅拌和包装过程会产生一定粉尘。石膏基砂浆生产工艺流程如图6.7所示。

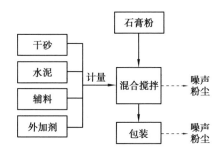

图 6.7 石膏基砂浆生产工艺流程图

(3)石膏自流平生产工艺流程

将石膏粉(项目区自制)、粉煤灰、细砂、添加剂、水泥等,按一定比例进入混合机之后,混合机即进行多级混合工作,该混合机混合速度快且能保证混合的均匀性,混合的能力决定了粉料的密度和混合时间。混合后装袋,即得到成品石膏自流平。其中,搅拌和包装过程会产生一定的粉尘。石膏自流平生产工艺流程如图 6.8 所示。

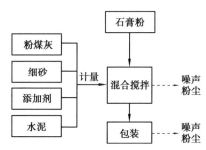

图 6.8 石膏自流平生产工艺流程图

(4)玻化微珠生产工艺流程

将珍珠岩经过多级碳化硅电加热炉生产工艺加工,形成玻化微珠半成品。降温后经过旋风分离,得到成品玻化微珠。其中,降温水循环使用,每天仅添加少量,旋风分离和入仓时会产生一定的粉尘。玻化微珠生产工艺流程如图 6.9 所示。

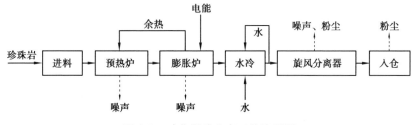

图 6.9 玻化微珠生产工艺流程图

6.3.3　钛石膏综合利用

1）主要技术参数

①综合利用能力：30万t钛石膏、10万t钢渣、10万t粉煤灰。

②钛石膏（干料）占比：36%。

③年生产免烧砖：50万t，240 mm×15 mm×53 mm护坡砖、路边砖和路牙石等。

④产品执行标准：《混凝土实心砖》（GB/T 21144—2023）。

⑤污染防治标准：《固体废物再生利用污染防治技术导则》（HJ 1091—2020）。

⑥产品有害物质含量标准：参照《水泥窑协同处置固体废物技术规范》（GB/T 30760—2014）的要求执行。

2）原辅材料

免烧砖生产的原料包括钛石膏、钢渣、石粉/粉煤灰（根据产品要求选择石粉或粉煤灰）、水泥、固化剂、颜料和面砂。具体原辅材料见表6.20。

表6.20　原辅材料统计表

名称	规格	用量 /(t·a⁻¹)	来源	符合标准/备注
钛石膏	含水率40%	300 000	裕兴化工	《钛石膏》（JC/T 2625—2021）
钢渣	—	100 000	莱钢永峰钢铁	一般工业固体废物
石粉	—	58 400	外购	《建设用卵石、碎石》（GB/T 14685—2022）
粉煤灰	—	100 000	裕兴化工	《硅酸盐建筑制品用粉煤灰》（JC/T 409—2016）
水泥	罐装	60 000	外购	《通用硅酸盐水泥》（GB 175—2023）
固化剂	袋装，25 kg/袋	1 500	外购	《混凝土外加剂》（GB 8076—2008）
面砂	袋装，25 kg/袋	50	外购	—

续表

名称	规格	用量 /(t·a⁻¹)	来源	符合标准/备注
颜料	袋装,25 kg/袋	50	外购	主要成分氧化铁
水	新鲜水	30 000	工业园区集中供水	

3）工艺

企业免烧砖生产工艺流程图如图 6.10 所示,主要为物理拌和和压制工序,较为简单,且不涉及明显的废水、废气及有毒有害物质的排放。

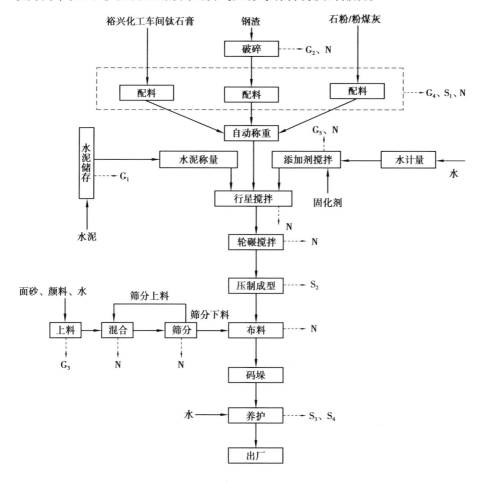

图 6.10 钛石膏制免烧砖工艺流程图

(1)原料来源、运输和暂存

拟建项目钛石膏来自裕兴化工,用装载机从裕兴化工钛石膏堆存区经地磅称量后运送至生产车间内,随用随取,裕兴化工产生的钛石膏含水率约55%,在钛石膏堆存区堆放一段时间后含水率约40%,卸料过程基本没有粉尘,距离较短约20 m,几乎无车辆运输扬尘。

拟建项目钢渣主要来自山东莱钢永锋钢铁有限公司,经原料供应方初步筛选后,粒径均小于7 mm,规格合适的钢渣、石粉经密闭篷布汽车运输至拟建项目原料暂存区。

固化剂、面砂、颜料均袋装购入,由密闭篷布汽车直接运输至拟建项目原料堆场;粉煤灰来自裕兴化工,厂区内不储存,由加盖密闭篷布的装载机直接运输至拟建项目生产车间内,随用随取。密闭篷布汽车、装载机运输过程主要为汽车行驶扬尘,卸料储存区、生产车间配置喷雾系统,适量喷洒水雾,基本无粉尘产生。

水泥采用密闭的罐车运至厂内,通过气泵送入水泥储罐。水泥筒仓仓顶自带无动力仓顶滤芯除尘装置对产生的粉尘进行处理。原料库为轻钢结构,地面硬化,全封闭、设置洒水或喷淋系统。

此工序产生的污染物主要为原料卸料粉尘 G_6、水泥粉筒仓呼吸粉尘 G_1 及车辆运输噪声。

(2)原料预处理

①钢渣:项目钢渣经装载机送入投料口后通过封闭皮带廊道进入锤式破碎机,将大颗粒钢渣破碎成5 mm以下的粒径,便于后续作业。

此工序产生的污染物主要为钢渣投料破碎粉尘 G_2 及设备运转噪声 N。

②颜料:外购袋装面砂、颜料手动拆分至面料搅拌研磨机进行搅拌研磨,同时按照10%的原料加入水分,混合均匀后经密闭输送机输送至面料振动筛进行筛分,粒径小于3 mm的混合颜料经密闭输送带输送至二次布料机进行上色。粒径大于3 mm的混合颜料收集后返回于面料搅拌研磨机进行研磨。由于混合搅拌筛分过程含有大量的水分,产尘量较小。

此工序产生的污染物主要为面砂、颜料投料粉尘 G_3 及设备运转噪声 N。

(3)制砖全自动系统

项目主要原料有钢渣分选出来的小于5 mm的物料、钛石膏、石粉/粉煤灰、

水泥、水,辅料为固化剂和混合颜料。具体工艺流程如下:

①上料、配料工序。钢渣、钛石膏、石粉、粉煤灰:破碎后的钢渣经密闭输送带输送至配料仓,钛石膏、石粉用装载机从原料堆场铲起分别装入配料仓中(粉煤灰直接用装载机从裕兴化工原料堆场铲起装入配料仓),配料机的控制系统根据设定好的配料标准分别对配料仓内的原料进行称重,并将称重好的原料通过密闭输送带输送至行星搅拌机爬升料斗内。

三仓配料机为敞开式,由于钛石膏含水率较大(40%)产尘量较小,上料粉尘可忽略不计,钢渣、石粉、粉煤灰配料仓配料过程会产生少量粉尘。

水泥:水泥罐中的水泥经螺旋输送至密闭行星搅拌机上方的密闭水泥计量秤,按照控制系统设定标准称重后,再经密闭斜斗进入密闭行星搅拌机内。

固化剂:固化剂袋装手动拆分至添加剂搅拌系统,与通过计量秤计量后的水一起经添加剂搅拌系统进行搅拌均匀,通过密闭输送管道输送至行星搅拌机,由于搅拌过程中含水率较高,因此固化剂在搅拌过程中基本不会产生粉尘。

此工序产生的污染物主要为钢渣石粉粉煤灰配料粉尘 G_4、固化剂上料粉尘 G_5、破袋产生的废包装袋 S_1 及设备运转噪声 N。

②行星搅拌工序。密闭行星搅拌机爬升料斗将物料提升至行星搅拌机上方。爬升料斗的下料口与密闭行星搅拌机的进料口紧密对接,原料落入密闭行星搅拌机内。各类原辅料在密闭行星搅拌机内搅拌均匀。搅拌机进料均为密闭进料,加水密闭搅拌,该过程不会产生粉尘。混合料的含水率高,后道工序搅拌、布料、压制成型等不会产生粉尘。

此工序产生的污染物主要为设备运转噪声 N。

③轮碾搅拌工序。上料输送机自动将行星搅拌机储料斗内的混合料输送至密闭轮辗搅拌机内,轮辗搅拌机对混合料进行二次搅拌碾压,对物料颗粒进一步粉碎细化、破除包膜扩大反应界面。达到制砖要求后,通过卸料系统卸料至主机上料输送机的储料斗内。此工序产生的污染物主要为设备运转噪声 N。

④压制成型。根据用料量的多少,主机储料斗自动开启将混合料落到布料机料箱内,布料机再将混合料均匀地布料到主机模具的模箱内,主机通过自动激振力和压力对模具的模箱内物料进行双向加压将模具内的混合料压制成型并完成脱模。

此工序产生的污染物主要为压制过程中溢出的边角料 S_2 和设备运转噪

声 N。

⑤布料。应客户需求部分产品(20%)上表面需上颜色,压制成型的砖坯经二次布料机将颜料布料至砖坯表面,后经输送带输送至上板机,经上板机、推板机、叠板机砖坯进行叠放。

此工序产生的污染物主要为设备运转噪声 N。

⑥码垛、养护、出厂。

码垛:高位码垛系统在既定位置对坯体进行抓取和并拢。

养护、出厂:砖坯由叉车叉至静养区养护 24 ~ 48 h,后由叉车叉至养护系统砖坯浸泡机,用水进行浸泡 3 min,再转移至钢结构成品堆存区养护约 7 d,自然风干后即可出厂外售。静养区、成品堆存区有顶棚,地面硬化,做到防渗漏、防雨淋和防扬尘等要求。

此工序产生的污染物主要为砖坯浸泡机捞渣 S_3 和不合格产品 S_4。

6.4 其他类固体废物综合利用

6.4.1 赤泥综合利用

2021 年,项目建成了年处理 50 万 t 赤泥的综合利用示范工程子项目之一——生态水泥项目,包括两条年产 100 万 t 的水泥磨粉生产线,年产硅酸盐水泥 200 万 t。2022 年,建成了年处理 50 万 t 赤泥综合利用示范工程另一子项目——建筑材料项目。该项目采用新型干法预分解工艺,利用石灰石、赤泥等原材料建成一条日产 5 000 t 的水泥熟料生产线,年产水泥熟料 146 万 t。所有产出的水泥熟料全部作为生态水泥产品的原材料,不对外销售。至此,企业形成了年处理 50 万 t 赤泥的综合利用示范工程。

1)综合利用

①原辅材料。根据项目方案,年产水泥熟料 146 万 t,利用赤泥 50 万 t(湿基),综合利用炉渣 9.96 万 t,见表 6.21。

表 6.21　建筑材料项目原辅材料清单

序号	名称	单位	总耗		日耗		备注
			干基	湿基	干基	湿基	
一、原辅材料							
1.1	石灰石	万 t/a	132.33	133.67	4 531.8	4 577.6	—
1.2	石灰石废渣	万 t/a	23.46	23.70	803.4	811.5	—
1.3	砂岩	万 t/a	28.47	33.89	975	1 160.7	—
1.4	炉渣	万 t/a	7.97	9.96	273	341.25	来自中国铝业广西分公司
1.5	赤泥	万 t/a	37.5	50.01	1 284.4	1 712.5	
二、其他材料							
2.1	氨水	t/a	—		3 212		
三、燃料							
3.1	煤	万 t/a	21.04	23.37	720.45	800.5	
四、动力							
4.1	电	万 kW·h/a	8 680		28		—
五、水耗							
5.1	水	万 t/a	91.729		2 959		—

②经破碎配料后,进行磨粉。粉磨系统利用窑尾预热器出口的热交换后的洁净空气作为原料的烘干热源,烟气经过热交换后含尘废气回预热分解炉。按照质量控制要求配好原料(石灰石及废渣、砂岩、炉渣、赤泥),经带式输送机送入 V 形选粉机内进行初选,大块物料经斗提送入辊压机内进行挤压,小块物料随气流进入 XR 选粉机再次分选,粗料再回到辊压机进行二次挤压,细粉随热风进入旋风分离器,收集下来后经斜槽和斗提送入生料均化库,通过辊压机的物料经斗提送入 V 形选粉机进行循环。出旋风分离器的废气经袋收尘器净化处理后,经排风机排入大气。

③均化库及窑尾喂料。生料均化库采用一座 φ22.5 m NGF 型生料均化库,

来自原料粉磨系统的生料经库顶生料分配器多点进库。库底的环形区设有开式斜槽,由罗茨风机供气,供气系统按程序对库底环形区的不同区域轮流充气使混合料稳定地从环形区卸入中心室,并在中心室充分混合后由卸料装置定量卸出进入生料入窑系统。

生料入窑系统设有计量仓,仓下设有计量及流量控制设备。经过计量的生料经空气输送斜槽和斗式提升机,再通过锁风阀喂入预热器中。

④熟料烧成。喂入预热器系统的生料经预热、分解后,进入 $\phi4.8$ m×74 m回转窑煅烧,入窑物料 $CaCO_3$ 分解率不低于90%。出窑熟料经箅式冷却机冷却,冷却机出口处设有一台齿辊式破碎机,对出窑产品进行破碎。破碎后的熟料由链斗输送机送至熟料库中储存。

窑头箅式冷机冷却出窑熟料后的高温废气,一部分作为窑头二次风入窑,一部分经三次风管送往窑尾分解炉(三次风从窑头罩上抽取),一部分作为煤粉制备的烘干热源;其余经 AQC 锅炉换热后,再经布袋除尘器净化后排入大气。

烧成窑尾预热器产生的废气经脱硝处理后,进入 SP 炉进行换热,废气进入增湿塔和布袋除尘器进行处理后排放。增湿塔的喷水量将根据出口温度自动控制,以确保废气温度在布袋除尘器的允许范围内。废气经窑尾废气处理系统的布袋除尘器净化后,再由窑尾排风机排入大气。增湿塔和布袋除尘器收集的窑灰直接送往生料均化库。

在预热器分解炉中进行如下反应:

$$CaCO_3 \longrightarrow CaO+CO_2$$
$$Al_2O_3 \cdot H_2O \longrightarrow Al_2O_3+H_2O$$

在回转窑烧结过程中进行下述反应:

$$mCaO+nAl_2O_3 \longrightarrow mCaO \cdot nAl_2O_3$$

具体工艺流程及产排污节点如图 6.11 所示。

⑤产品去向。生产的水泥熟料是用于生态水泥项目的原料,不对外销售。

2)生态水泥项目

2 条 100 万 t 水泥磨粉生产线,年产硅酸盐水泥 200 万 t,其中,P.O 42.5 普通硅酸盐水泥 40 万 t,P.C 42.5 复合硅酸盐水泥 40 万 t,P.F 32.5 粉煤灰水泥 120 万 t。袋装和散装水泥比例为 30%:70%。

①原辅材料。企业生产水泥,其熟料来自毗邻的赤泥利用项目(建材项

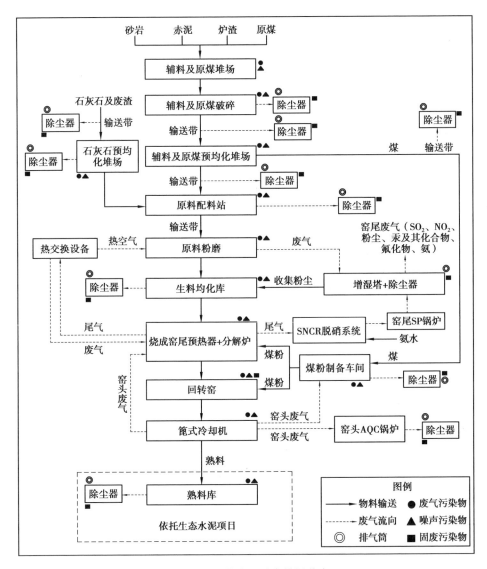

图 6.11　工艺流程及产排污节点

目），此外，原辅材料还包括脱硫石膏、粉煤灰、炉渣、赤泥和石灰石废渣，见表 6.22。

表 6.22　水泥项目原辅材料

物料名称	日用量/(t·d⁻¹)	年用量/(万 t·a⁻¹)	来源
熟料	4 376.99	131.31	赤泥利用建材项目

续表

物料名称	日用量/(t·d⁻¹)	年用量/(万 t·a⁻¹)	来源
脱硫石膏	382.60	11.48	中铝广西分公司热电厂
粉煤灰	1 469.20	44.08	
炉渣	302.34	9.07	
石灰石渣	137.43	4.12	中铝广西分公司氧化铝厂
赤泥	168.35	5.05	

②熟料输送。外购熟料由车辆封闭运输进厂,进入熟料进料间倒入熟料进料斗,通过料斗底部的盘式输送机输送至 60 m 熟料帐篷库内储存。熟料进料间设袋式收尘器 1 台。

③熟料储存及输送。项目设置 1 座 φ60 m 帐篷库,有效储量为 100 000 t,熟料库底设置 3 条卸料皮带机,熟料经过库底卸料系统,皮带机后输送至水泥配料站的熟料配料库。熟料库顶设袋式收尘器 1 台,库底 3 条卸料皮带各设袋式收尘器 1 台,两条转运皮带机设置 4 台袋式收尘器,本系统共设 8 台袋式收尘器,收集进料和卸料时产生的粉尘。

④混合材破碎及输送。混合材石灰石渣、炉渣和赤泥由自卸汽车运进厂区,卸入各自的堆棚储存,赤泥由装载机转运至破碎机前受料斗中,破碎后由带式输送机送至水泥配料站赤泥配料库中储存。不需要破碎的石灰石渣和炉渣直接卸入应急料斗中,由带式输送机送至水泥配料站的石灰石渣和炉渣配料库中储存。破碎机和皮带机各设袋式收尘器 1 台。各输送环节均采用封闭方式进行。本系统共设置 2 台袋式收尘器。

⑤水泥配料站。水泥配料站除熟料库外,还设有炉渣、石灰石渣和赤泥配料库,每个配料库底设置两套下料系统和链板秤计量。根据生产水泥的品种,四种物料以及脱硫石膏按照预定配比配好后,经带式输送机送入水泥粉磨系统。熟料配料库、炉渣配料库、石灰石配料库、赤泥配料库顶各设置袋式收尘器 1 台,皮带输送机设置袋式收尘器 2 台。

脱硫石膏经汽车封闭运输入厂,卸至脱硫石膏堆棚。经链板称重计量、皮带机输送送入水泥配料站入磨皮带,与混合料一起送入水泥粉磨系统。水泥配料站系统各输送环节均采用封闭方式进行,共设置6台袋式收尘器。

⑥粉煤灰储存及输送。设置一座直径为15 m的混凝土库用于粉煤灰储存。粉煤灰由密封罐车运输进厂,经罐车自带的空压机产生的压缩空气送入粉煤灰库内储存。库顶部设袋式收尘器1台。粉煤灰在库底由卸料装置卸出后,经双管螺旋输送机、计量设备、空气输送斜槽、斗式提升机送入水泥磨车间称重仓,再经仓底螺旋输送机、计量设备送入磨机进行粉磨。粉煤灰储存及输送系统设置了一台袋式收尘器。

⑦水泥粉磨及输送。水泥粉磨采用两套辊压机加球磨机组成的联合粉磨开流系统。来自水泥配料站的配合料经斗式提升机送至辊压机前的中间稳流仓,混合料经过辊压机粉碎后,由料饼提升机送至V形分级机中进行分选。选出的粗颗粒返回称重仓,再进入辊压机进行辊压粉碎,其余随气流送至高效选粉机中进行选粉,选粉后的粗颗粒返回称重仓后继续辊压粉碎,细粉随气流送至旋风筒中进行收集,收集后的物料送至管磨中进行粉磨,粉煤灰称重仓的粉煤灰经螺旋输送机、计量装置输送至管磨机中粉磨。辊压机系统设置收尘器1台,其收集的细粉通过空气输送斜槽送入管磨机中粉磨。物料进入管磨机内粉磨,出磨物料作为成品水泥,通过提升机、空气输送斜槽送至水泥库中储存,整个粉磨过程采用全密封负压操作,磨尾含尘气体经袋式收尘器净化后排入大气,粉尘排放浓度≤20 mg/m^3。

粉煤灰仓顶设袋式收尘器1台,本系统共设置5台收尘器。

⑧水泥储存及输送。水泥储存采用6座18 m×45 m钢筋混凝土库,总储量为65 500 t。水泥库库底设有充气系统,由罗茨鼓风机供风。出库水泥由库底卸料装置卸出后,通过空气输送斜槽、斗式提升机和空气输送斜槽送入水泥散装车间和水泥包装车间。水泥库库顶各设置袋式收尘器1台,库底两台空气输送斜槽各设置袋式收尘器1台。

水泥储存及输送系统共设置袋式收尘器8台。

出库水泥通过提升机、斜槽进入水泥包装系统的振动筛后入称重仓,送入水泥包装机。水泥包装采用三台八嘴回转式包装机,每台包装机的能力为120 t/h。散装水泥经过提升机、空气输送斜槽输送到散装水泥钢仓。

6.4.2 造纸白泥综合利用

该白泥综合利用项目建设生产车间 1 座和烟道 2 条,内布设 4 条碳酸化反应罐,年处理造纸白泥 6.3 万 t/a,轻质碳酸钙生产能力达到 10 万 t/a,配套建设压滤系统、闪蒸系统等。

1)主要技术参数

①白泥利用能力,6.3 万 t/a。

②轻质碳酸钙生产能力,10 万 t/a。

③固体含量为 20% ~ 35%;pH 值为 10.8;IOS 白度为 86%。

2)原辅材料

(1)原料来源

项目原料主要为造纸企业碱回收白泥,碱回收能力 1 000 t/d,白泥每天的产量约 700 t,干基碳酸钙含量均在 80% 以上,白泥含量见表 6.23。生产过程中,有上游造纸企业向本项目提供固体含量 50% 以上的白泥,即碳酸钙含量 45%、氢氧化钠含量 1.5%、氢氧化钙含量 2.5%,不溶性杂质含量 1%,含水率低于 50%。

表 6.23 原料成分表

单位:%

采样批次	NaOH	$CaCO_3$	$Ca(OH)_2$	不溶物
1	2.88	84.22	3.90	1.43
2	2.62	83.56	3.86	1.24
3	3.68	85.05	4.04	1.38
4	3.84	86.12	4.81	2.26
5	2.48	87.73	4.07	2.96
6	2.82	—	5.44	—
7	2.12	—	5.10	—
8	2.48	—	5.13	—
9	2.87	86.96	5.48	—
均值	2.87	85.61	4.65	1.85

（2）烟气

项目引用 12 000 m³/h 的烟气对白泥中的 pH 值进行调节，以 40％氢氧化钾溶液吸收烟气中的二氧化碳组分，根据吸收液液位变化读出二氧化碳体积浓度，检测仪器 Fyrite，烟气中二氧化碳的体积含量约为 10％，项目主要采用石灰窑尾气，碱回收烟气作为备用烟气，其量约为 22 万 m³/h，可满足项目使用要求。

（3）其他辅料

其他辅助材料主要包括分散剂、漂白剂和杀菌剂，分别按照白泥干重的0.05％、0.5％和 0.1％进行添加，添加量分别为 30 t/a、300 t/a 和 60 t/a，分散剂和漂白剂采用储罐储存，杀菌剂采用桶装储存。

3）工艺

（1）工艺流程

项目原料为生石灰（CaO）和二氧化碳（CO_2）气体，生产的第一步是熟化，即生石灰与大量的水混合，CaO 与水反应生成 $Ca(OH)_2$，成浆状被泵送到反应器。在反应器内，$Ca(OH)_2$ 与含有 CO_2 的气体混合，沉淀下来。反应完成后，浆状的 PCC 固含量为 18％~25％，经过筛选送到贮存槽内，作为造纸的填料。由于它的沉降体积（2.4~2.8 mL/g）比用机械方法生产的重质碳酸钙沉降体积（1.1~1.9 mL/g）大，因此被称为轻质碳酸钙，工艺流程及产污环节如图 6.12 所示。

（2）废气治理

在碳酸化罐的上端加装了折流板和捕沫器，来净化尾气排放，对烟尘的去除效率可达 50％以上，净化后的烟气经 4 根高 25 m（设计内径约 76.2 cm）的排气筒排放。

（3）废水处理

排入临近造纸企业污水处理站，采用"生化处理（PAFR 反应器和 Carrousel 氧化沟）+深度处理（磁化-催化反应+絮凝沉淀）相结合的处理工艺"，处理能力为 8 万 m³/d。

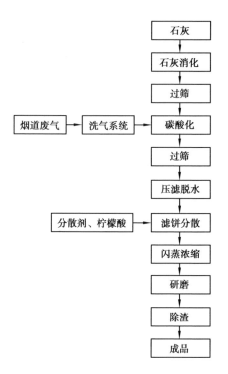

图 6.12　工艺流程及产污环节图

6.4.3　电石渣综合利用

项目利用电石渣生产氢氧化钙和碳酸钙,年利用电石渣约 27 万 t(含水率 10%)。

1) 主要技术参数

①氢氧化钙生产能力:20 万 t/a。

②碳酸钙生产能力:7 万 t/a。

③氢氧化钙产品执行标准:《工业氢氧化钙》(HG/T 4120—2009),见表 6.24。

表 6.24　《工业氢氧化钙》(HG/T 4120—2009)

序号	指标	限值
1	氢氧化钙/%	90

续表

序号	指标	限值
2	镁及碱金属/%	—
3	酸不溶物/%	1.0
4	铁/%	—
5	干燥减量/%	2.0
6	筛余物(0.045 mm 试验筛)/% (0.125 mm 试验筛)/%	— 4.0
7	重金属(以 Pb 计)/%	—

2）原辅材料

项目主要原辅材料包括电石渣和氧化钙粉,见表 6.25。

表 6.25 主要原辅材料表

序号	原料	单位	年用量	备注
1	电石渣	t/a	270 400	含水率约 10%
2	氧化钙粉	t/a	54 000	外购
3	新鲜水	m³/a	495	外购
4	电	万 kW·h/a	80	外购

电石渣是电石和水反应生产乙炔过程排放的渣液经渣池沉淀产生的。本项目所用电石渣均来自邻近化工企业,距离本项目 1.3 km。电石渣使用专用的货车运输,货车进行防渗漏处理,并采用苦布覆盖,严禁运输过程中出现跑冒滴漏。电石渣中氢氧化钙含量为 70% 左右,含水率约为 10%,碳酸钙含量约为 15%,剩余部分为氧化镁、氧化铝等杂质。其主要成分与一般消石灰(即氢氧化钙)相似,粒径较小,在生产过程中无须进行破碎即可进行消化反应。根据《危险废物鉴别标准 腐蚀性鉴别》(GB 5085.1—2007),电石废渣属 Ⅱ 类一般工业固体废物。本项目不堆存电石渣,电石渣由运输车辆直接卸入斗提机,进入料斗,随用随进。

3）工艺

（1）给料

外购的电石渣含水约 10%，呈黏土块状。粒径较小无须破碎，直接放入投料口内，不在厂区内堆存，喂料口下方设置有计量螺旋给料机，在给料机作用下，一定量的电石渣进入搅拌器（即消化机），然后再定量投入一定量的氧化钙粉末，将电石渣、氧化钙以 5:1 的比例加入搅拌器（即消化机）。给料过程会在给料口产生少量粉尘，在给料口处设置集气罩，粉尘经集气罩收集后进入布袋除尘器进行处理，随 15 m 高排气筒高空排放。

（2）搅拌（消化）

电石渣与氧化钙在搅拌器（一级消化器）搅拌杆的均匀搅拌和混合作用下，发生如下化学反应：$CaO+H_2O =\!=\!= Ca(OH)_2$，完成一级消化，之后进入二级消化器完成二级消化，同时产生湿热蒸汽（成分主要为粉尘、水蒸气，温度约 150 ℃，水蒸气含量约 98 g/m³）。消化反应会产生热量，电石渣中的水分有一部分会蒸发，并带出粉尘。整个生产线均密闭连接，仅有给料口处为敞开状态，因此，消化过程产生的含尘蒸汽由给料口排出，企业在给料口处设置集气罩，含尘蒸汽经集气罩收集后进入布袋除尘器（专用布袋除尘器）进行处理，随 15 m 高排气筒高空排放。

（3）风选收料

经过消化反应的电石渣，此时为氢氧化钙及碳酸钙混合物（3:1），随螺旋输送机进入风选收料系统，较轻的氢氧化钙粉末随风选系统进入旋风收料器进入成品罐（消石灰）；剩余部分进入渣灰仓外售。整个风选收料系统管道均密闭相连，形成负压系统，在运行过程中风量内部循环，形成一个负压系统，在该过程中无粉尘外排。

（4）罐车外售、包装入库

项目成品外售方式有两种：一种是采用罐车，直接外售；另一种是采用 25 kg/袋的规格包装入库待售（罐车约占 70%，袋装约占 30%）。本项目产品采用罐车外售时，使用螺旋输送机将成品罐内的成品输运至罐车内，成品罐出料口与螺旋输送机出料口、螺旋输送机出料口与罐车进料口之间均采用密封的橡胶软连接设计，可有效避免成品运输及入罐车过程中粉尘的逸散；采用袋装外售时，包装过程会产生一定量的粉尘。

具体工艺流程如图 6.13 所示。

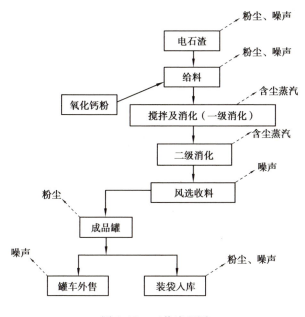

图 6.13　工艺流程图

6.5　危险废物综合利用

6.5.1　铝灰综合利用

1）主要技术参数

①综合利用铝灰渣及二次铝灰能力:10 万 t/a。

②铝酸钙生产能力:12.953 1 万 t/a。

③铝锭生产能力:1.5 万 t/a。

④铝酸钙产品质量标准:执行《炼钢用预熔型铝酸钙》(YB/T 4265—2011)。

⑤铝酸钙产品中其他有毒有害成分控制:汞(Hg)、镉(Cd)、铅(Pb)、砷(As)、铬(六价)等环境风险管控指标参照《危险废物鉴别标准 浸出 毒性鉴别》(GB 5085.3—2007)、《危险废物鉴别标准 毒性物质含量鉴别》(GB 5085.6—

2007）要求进行限值管控。

⑥铝锭产品质量标准：执行《再生铸造铝合金原料》（GB/T 38472—2023）。

2）原辅材料

除铝灰渣外，企业生产主要用到的原辅材料见表6.26，表中石灰石用于生产氯酸钙，尿素和生石灰等则用于污染治理（主要是脱硝脱硫），以及能耗和水耗。

表 6.26　原辅材料表

序号	名称	消耗量	最大贮存量	包装形式及包装规格	贮存方式	备注
1	铝灰渣及二次铝灰	100 000 t/a	4 500 t	吨袋包装 1 t/袋	贮存区密闭（进出口除外）	来源于重庆市范围内
2	石灰石	88 770 t/a	1 500 t	散装	堆放区四周设有围挡，留出车辆进出口通道	外购
3	天然气	182.95 万 m³/a	—	—	管道输送，场内不储存	园区供气，回转窑用天然气
4	润滑油	100 kg/a	48 kg	桶装 12 kg/桶	存放于检修间并设置托盘储存	外购，用于设备维护及保养
5	尿素	165 t/a	4 t	袋装 50 kg/袋	存放于脱硝系统区域贮存间	脱硝用
6	片碱	300 t/a	10 t	袋装 25 kg/袋	存放于仓库内	脱硫用
7	生石灰	660 t/a	16.5 t	袋装 25 kg/袋	存放于仓库内	脱酸及脱硫液再生用
8	柴油	—	1 t	200 kg/桶	存放于库房并设置托盘储存	天然气停气时备用，保证回转窑内物料煅烧完成
9	活性炭	180 t/a	5 t	袋装 25 kg/袋	存放于仓库内	煅烧尾气处理

续表

序号	名称	消耗量	最大贮存量	包装形式及包装规格	贮存方式	备注
10	水	42 636 m³/a	—	—	—	市政供水
11	电	1 005.85 万 kW/a	—	—	—	市政供电

表6.26中的铝灰渣及二次铝灰重庆市范围内电解铝、再生铝以及铝加工等企业。通过对重庆市范围内的铝灰渣及二次铝灰产生情况进行详细调查,铝灰渣产生量大的企业包括铝加工企业(西南铝业、渝江压铸、迎洲压轴、重庆卓盟铝业有限公司等)、再生铝企业(重庆顺博、剑涛、众强等)以及电解铝企业(旗能电铝、天泰铝业、东升铝业等),见表6.27。

表6.27　原料铝灰渣来源一览表(计划)

序号	来源范围	企业名称	企业年产生量/(t·a⁻¹)	初步供应量/(t·a⁻¹)	铝灰渣危废类别
1	重庆	西南铝业(集团)有限责任公司	60 000	30 000	321-026-48
2		重庆渝江压铸有限公司	5 000	3 000	321-026-48
3		其余铝材加工企业	30 000	15 000	321-026-48
4		再生铝企业(重庆剑涛、众强等)	35 000	20 000	321-026-48
5		重庆旗能电铝有限公司	40 000	25 000	321-024-48
6		重庆天泰铝业有限公司	15 000	7 000	321-024-48
合计				100 000	—

企业在开展项目环境影响评价前期,广泛收集重庆市相关产废单位铝灰渣成分检测数据,并对部分企业的铝灰渣成分开展了检测分析,整理结果见表6.28。各产废单位所产铝灰渣(含二次铝灰)中各化合物含量存在较大的差异。

表 6.28 铝灰渣成分分析结果

产废企业	西南铝业1	天泰铝业1	天启铝业1	剑涛铝业	西南庆丰1	众强有色	西南铝业2	西南庆丰2	天泰铝业2	天启铝业2
Al	30	—	—	—	—	12	—	—	—	—
三氧化二铝（Al_2O_3，%）	10	79.84*	65.4*	70*	62.48*	60	40.58*	46.88*	81.98*	67.79*
氮化铝（AlN，%）	4	0.86	5.66	2.46	0.67	15	2.68	4.62	2.99	8.51
二氧化硅（SiO_2，%）	—	2.33	3.11	4.92	0.42	—	1.46	8.11	1.94	2.68
氧化钾（K_2O，%）	—	0.6	0.76	0.11	0.24	—	2.17	1.05	0.6	0.42
氧化钙（CaO，%）	—	1.16	2.38	1.14	0.1	—	0.31	0.52	1.16	2.32
氧化钠（Na_2O，%）	—	0.95	2.87	0.71	0.16	—	0.28	3.19	1.66	2.18
氧化镁（MgO，%）	25	4.15	3.84	14.51	20.65	—	27	11.48	5.83	3.06
氧化锰（MO，%）	—	—	—	—	—	—	—	—	—	—
氧化铜（CuO，%）	—	—	—	—	—	—	—	—	—	—
氧化锌（ZnO，%）	—	—	—	—	—	—	—	—	—	—
亚硫酸钙（$CaSO_3$，%）	—	—	—	—	—	—	—	—	—	—
三氧化二铁（Fe_2O_3，%）	—	0.84	0.73	0.85	0.6	—	0.32	0.34	0.69	0.66
二氧化钛（TiO_2，%）	—	1.14	0.43	0.16	0.11	—	0.31	0.3	0.47	1.64

物质

项目									
氧化镁铝（$AlMgO_2$,%）	9	—	—	—	12	—	—	—	—
氢氧化铝（$Al(OH)_3$,%）	16	—	—	—	0	—	—	—	—
氯化钠（NaCl,%）	6	—	—	—	1	—	—	—	—
氯化钾（KCl,%）	—	—	—	—	—	—	—	—	—
氯化铝（$AlCl_3$,%）	—	—	—	—	—	—	—	—	—
硫酸钾（K_2SO_4,%）	—	—	—	—	—	—	—	—	—
水分（Mad,%）	—	0.8	0.8	0.85	—	2.4	1.1	—	—
烧失量/%	—	—	0.1	0.1	0	—	—	—	—
其余物质	8.13	14.82	4.24	13.62	0	22.49	22.41	2.68	10.74
合计	**91.87**	**85.18**	**95.76**	**86.38**	**100**	**77.51**	**77.59**	**97.32**	**89.26**
硫（S,%）	0.18	0.595	0.038	0.008 9	0.2	0.013	0.831	0.168	1.208
磷（P,%）	—	—	—	—	—	—	—	—	—
铍（Be,mg/kg）	17	21	10.5	6.56	14.6	33.4	12.4	17.7	7.71
锰（Mn,mg/kg）	2 260	59 640	83.1	3 670	513	578	156	21 110	53.7
铜（Cu,mg/kg）	6 320	261	45.4	2 756	3 200	4 395	265	249	68.9
锌（Zn,mg/kg）	1 320	103	11.5	3 987	2 450	86.9	181	76	5.21
六价铬（Cr^{6+},mg/kg）	<2	ND	0.5	0.5	<2	ND	ND	ND	ND

续表

产废企业	西南铝业 1	天泰铝业 1	天启铝业 1	剑涛铝业	西南庆丰 1	众强有色	西南铝业 2	西南庆丰 2	天泰铝业 2	天启铝业 2
镉（Cd,mg/kg）	<0.1	0.05	0.034	1.61	0.1	1.7	0.035	0.018	0.040	0.059
锡（Sn,mg/kg）	<40	2.01	54.7	63	5.13	<40	6.59	3.37	8.96	133
锑（Sb,mg/kg）	<0.5	1.42	2.14	22.1	0.48	27.3	0.7	1.42	1.16	9.76
铅（Pb,mg/kg）	8.4	4.92	3.51	153	4.89	36.6	5.07	3.64	3.66	5.55
汞（Hg,mg/kg）	0.001 6	0.005 5	0.015	0.05	0.03	0.008	0.006 5	0.004 8	0.008 6	0.007
铬（Cr,mg/kg）	290	109	122	272	164	368	209	265	100	170
镍（Ni,mg/kg）	21.8	19.5	28.1	138	57.1	124	18.9	12.7	19.2	36.5
砷（As,mg/kg）	0.997	<0.10	<0.10	2.36	0.27	2.83	1.94	1.68	0.3	0.33
氯（Cl,mg/kg）	25 500	6 603	19 583	6 331	54 491	11 700	20	20	10 815	30 608
氟（F,mg/kg）	<30	1 210	55 706	3 152	50	3 390	115	29 660	5 695	21 168

物质

注：*表示包含单质铝，单质铝换算成了 Al_2O_3 表示结果。

3）工艺

该企业铝灰渣综合利用工艺可分为 3 个部分:一是铝灰渣分选,主要是通过多次球磨和筛选,筛选出粒径较大的铝颗粒;二是铝灰渣煅烧,主要是第二阶段筛选铝颗粒后剩下的铝灰进行煅烧,在添加石灰石进行煅烧后分选出铝酸钙产品(精炼渣);三是对第一阶段分选出的铝颗粒进行熔铸,形成铝锭。

（1）**铝灰渣分选**(图 6.14)

①一次筛分。在提升机的作用下,铝灰渣原料通过料仓进入笼筛(100 目筛网)进行一级筛分,粒径小于 100 目的铝灰通过密闭皮带机输送进入铝灰渣分选线尾部的储灰料仓,筛上物铝灰渣进入下一步球磨工序。笼筛及提升机等均进行密闭。在一级筛分过程中,会产生筛分粉尘废气 G_{1-2} 和噪声 N_{1-2}。

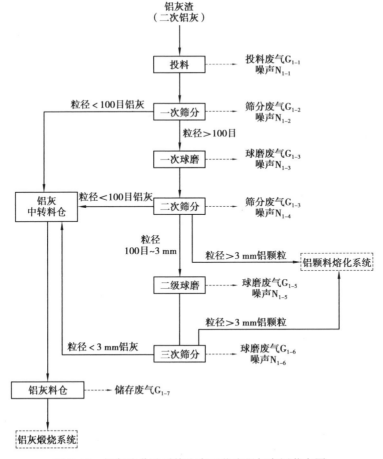

图 6.14　铝灰渣分选系统生产工艺流程与产污节点图

②一级球磨。经一次筛分后的铝灰渣在密闭皮带机的作用下输送至球磨机进行一级球磨。球磨机内研磨体为钢制圆球,可根据研磨物料的粒径选择研磨体的大小。球磨的主要目的是将小块的铝灰渣完全破碎,使铝灰渣中的铝颗粒和铝灰完全分离,同时球磨过程由于铝单质具有较好的延展性,通过研磨可以将较小的铝颗粒挤压到一起,使铝颗粒在研磨过程中有所变大,后续更容易分选。在一级球磨过程中,会产生球磨粉尘废气 G_{1-3} 和噪声 N_{1-3}。

③二次筛分。一级球磨后的铝灰渣经密闭斗提机送入笼筛进行二次筛分,二次筛分笼筛内置有两层筛网,内层采用 3 mm 筛网,外层采用 100 目筛网。内存筛网上,粒径大于 3 mm 的铝灰渣进入铝颗粒转运箱;外层筛网下,粒径小于100 目的铝灰渣则经密闭皮带机输送进入铝灰渣分选线尾部的储灰料仓。中间筛出物铝灰渣(粒径为 100 目~3 mm)进入下一步球磨工序。在二次筛分过程中,可能会产生筛分粉尘废气 G_{1-4} 和噪声 N_{1-4}。

④二级球磨。为最大限度地分离铝颗粒和铝灰,二次筛分笼筛外层筛网上的铝灰渣经密闭斗提机和皮带机输送至球磨机内再次进行球磨,使铝灰渣中残留的铝颗粒继续变大便于分离。在二级球磨过程中,可能会产生球磨粉尘废气 G_{1-5} 和噪声 N_{1-5}。

⑤三次筛分。经二次球磨后的铝灰渣通过密闭传送带送至笼筛进行第三次筛分(3 mm 筛网),筛上物进入铝颗粒转运箱,筛下物经密闭皮带机送入铝灰渣分选线尾部的铝灰中转料仓。在三次筛分过程中,可能会产生筛分粉尘废气 G_{1-6} 和噪声 N_{1-6}。

(2)铝灰渣煅烧(图 6.15)

①配料。项目设有一个三仓配料机,置于半地下式,配料机作业区除物料进出口外其余方向均进行了密闭。一个仓室用于盛装铝灰原料,一个仓室用于盛装石灰石原料,一个仓室备用。分选储存于铝灰料仓内的铝灰通过螺旋密闭输送至配料机。外购入厂的石灰石(粒径约 3 cm)原料暂存于生产厂房东南侧,原料堆场四周(除出口外)都设有密闭围挡,通过铲车将石灰石原料转运至配料机仓室内。配料机下端设有皮带机,皮带机与电子皮带秤连接,通过自动配料系统进行配料。通过控制参数,将铝灰与石灰石的配比控制在 1∶1.10 的范围内。配料机加料及配料过程有粉尘废气 G_{2-1} 产生,铲车和叉车运输过程有噪声 N_{2-2} 产生。

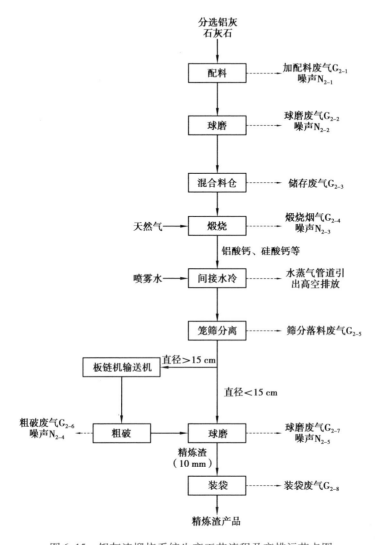

图 6.15 铝灰渣煅烧系统生产工艺流程及产排污节点图

②球磨。配料系统将称量好的原料通过密闭皮带机输送至球磨机内进行混合球磨,以确保物料充分混合均化。该球磨过程由球磨粉尘废气 G_{2-2} 和噪声 N_{2-2} 产生。为保证回转窑连续工作不间断,项目在入窑前设有 4 个均化料(生料)料仓,每个料仓容积为 72 m^3,球磨均化后的物料通过螺杆输送机送入均化料仓内暂存。均化料仓储存过程有粉尘废气 G_{2-2} 产生。

③煅烧。球磨均化的物料粉混合料由提升机提升进入配备有双段电动翻板阀的耐热下料管,进入密闭的回转窑窑尾中进行高温煅烧,得到产品铝酸钙

精炼渣。回转窑设计处理规模为 650 t/d,项目入窑混合料规模为 562 t/d,项目回转窑处理规模与项目铝灰渣利用规模相匹配,较为合理。

项目回转窑采用天然气作为燃料,天然气窑头进入窑内,天然气燃烧将窑内温度控制在 1 100 ~ 1 300 ℃。为防止临时停气等突发状况的发生,回转窑上配备有柴油喷嘴,项目在厂房内备有桶装柴油,临时停气时可通过向窑内喷射柴油进行助燃,维持回转窑内的物料的正常生产温度约 2 h,确保回转窑内物料煅烧完成,正常生产过程不会使用柴油作为燃料。回转窑具有旋转功能且具有一定的斜度,随着窑的旋转,窑内的产品不断向前推进。回转窑煅烧生产过程由煅烧尾气 G_{2-4} 和噪声 N_{2-3} 产生。

回转窑生产中,由于窑尾风机的作用可保持窑内负压生产,回转窑前后两端采用不锈钢鱼鳞片密封,保证没有废气和物料溢出。窑头部位,配备全自动控制的天然气燃烧器,向回转窑内部提供热量。在回转窑上,设有 3 套无线测温系统,通过计算机精准控制窑炉内的温度,可保证优质高产。

④冷却。煅烧完成后的物料在回转窑旋转下缓慢自动进入与窑头相连的熟料冷却系统内,冷却系统采用滚筒间接冷却,滚筒冷却机外壳进行密闭包裹,包裹层中间设有水雾喷头,通过喷雾对回转窑内物料进行间接冷却降温,喷雾水接触高温冷却滚筒外壁大部分变为水蒸气,通过管道引至厂房顶排放,少量滴落水珠落入熟料冷却系统下方储水槽后会用于喷淋,不外排。

经滚筒冷却系统冷却的物料取样进行成分分析,合格的铝酸钙落入滚筒冷却机后端的笼筛进行简易分离,直径大于 15 cm 的块状物料进入板链输送机自然冷却,直径小于 15 cm 的物料经密闭提升机送入 4 个熟料仓内暂存。笼筛分离过程由落料粉尘废气 G_{2-5} 产生。不合格产品用铲车转入煅烧配料系统重新配料进行煅烧,直到合格为止。

⑤粗破。经板链输送机冷却后的物料送入破碎机内进行粗破,粗破后的物料经密闭提升机送至精炼渣料仓内暂存。项目共设有 4 个精炼渣料仓,每个料仓容积为 85 m³。破碎过程有粉尘废气 G_{2-6} 和噪声 N_{2-4} 产生。

⑥球磨、装袋。熟料仓内的熟料根据客户需求可直接通过落料口进行打包装袋,也可选择性地进入后端球磨机进行后续粗磨处理,球磨机可将精炼渣粒径控制在 10 mm 范围内。粗磨后的精炼渣经刮板输送机、斗式提升机送入成品料仓暂存后打包装袋。

（3）铝颗粒熔铸铝锭（图 6.16）

①投料。由分选系统分选得到的铝粒进入铝颗粒转运箱,通过叉车转运、投料进入铝颗粒熔化回转炉。该工序由投料粉尘废气 G_{3-1} 和叉车运输噪声 N_{3-1} 产生。

②熔化。铝颗粒进入回转炉熔化为铝水。回转炉为圆筒状,一端开口,一端封闭。项目采用镁屑作为点火剂,点燃的镁屑可将回转炉中细微的铝粉点燃,使回转炉内温度升高,增强固、液相的表面张力,在回转炉的转动下,液态铝与灰渣不断进行位移分离,铝液在下,灰渣在上。在铝颗粒熔化过程中,利用细微铝颗粒自燃特性保持炉内燃烧温度在 600～700 ℃,无须使用辅助燃料作燃烧剂。在回转炉工作过程中不停地翻转,将铝液收集于回转炉下方。整个铝颗粒的熔化过程,分选出的铝颗粒有 16%～20% 的量为维持炉内温度被燃烧氧化成氧化铝。拟建项目分选的铝颗粒中铝单质约 18 000 t,其中约 3 000 t 被氧化成氧化铝进入灰渣中,灰渣冷却后进入分选系统。

拟建项目回转炉大小为 8 t,单批次铝液出料量为 6.6 t,处理时间约为 2 h。项目回转炉年工作时间为 4 500 h。回转炉正常运行过程上层漂浮着浮渣（主要成分是氧化铝）,下层为铝水（主要成分为铝）,整个过程无须加入除渣剂。浮渣经机械扒渣处理后,铝液进入铸锭工序,热浮渣进入冷却工序。

回转炉根据设计可以转动和倾斜,设置一个操作口,供原料添加、扒渣和铝液放出使用。回转炉进料、出料及工作过程中,炉口处于开口状态,回转炉置于三面和顶部封闭、一面敞开的隔间内,在隔间开口处设卷帘,回转炉加料口上方及整个区域上方设集气罩。回转炉整体处于相对封闭的空间之中。

回转炉铝颗粒熔化过程产生熔化烟尘废气 G_{3-2},在回转炉口和回转炉区域顶部上方设有集气罩收集熔炼废气。

③冷却。机械扒出的热浮渣（灰渣）通过铲车运至冷灰桶内,冷灰桶为双层设施,桶内盛装热浮渣,桶内与外壁的间隙层用水对桶内的热浮渣进行间接冷却,热浮渣经冷灰桶冷却成冷铝灰渣 S_{3-1},返回项目铝灰渣分选系统作为原料。冷却水定期补充,不外排,间隙层的水间接冷却过程产生的少量水蒸气通过密闭管道引至厂房顶排放。冷灰桶进出口设有集气罩收尘,冷灰桶冷却过程有冷却废气 G_{3-3} 产生。

④铸锭。转动回转炉,使用铝液直接从操作口浇注进大铝锭模具（铝锭规

格为 500 kg,圆锥形)。浇注完成的模具直接经叉车转运至铝锭冷却区自然冷却后取出作为铝锭产品,外售给下游再生铝企业做原料。铝水浇注过程有铸锭废气 G_{3-4} 产生,在回转炉口和回转炉区域顶部上方设有集气罩收集熔化废气。

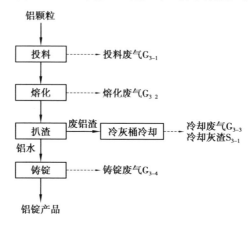

图 6.16　铝颗粒熔化系统生产工艺流程及产排污节点图

企业生产过程中产生的污染物主要为大气污染物,包括煅烧和熔铸阶段的废气以及各个阶段产生的颗粒物。大气污染物包括颗粒物、SO_2、NO_x、氯化氢、氟化物、汞及其化合物(以 Hg 计)、铅及其化合物(以 Pb 计)、镉及其化合物(以 Cd 计)、砷及其化合物(以 As 计),锡、锑、铜、锰、镍、钴及其化合物(以 Sn+Sb+Cu+Mn+Ni+Co 计)是企业污染防治的重点。

6.5.2　油基钻屑综合利用

项目采用热脱附处理工艺对油基岩屑进行回收处理,共建设两条油基岩屑资源化利用生产线,其中 1#油基岩屑资源化利用生产线规模为 1.26 万 t/a、2#油基岩屑资源化利用生产线规模为 3 万 t/a,将制备得到的钻井液再回到川庆钻探工程有限公司用于钻井,形成了"点对点"闭路循环;热脱附产出的灰渣则运至透水砖生产线,实现油基岩屑的二次利用。

1)主要技术参数

①回收油产量:>38 000 t/a。

②不凝气产量:>150 t/a 。

③灰渣产量:>5 700 t/a。

④热脱附设备 SO_2 产生浓度:<30 mg/m³。

⑤热脱附设备 NO_x 产生浓度:<140 mg/m³。

⑥燃烧室能耗:<200 万 m³ 的天然气使用量。

2)原辅材料

①原辅材料消耗情况及来源,见表 6.29。

表 6.29　原辅材料消耗情况及来源

工序	物质名称	单位	主要成分	年度消耗量			来源及运输方式
				一阶段	二阶段	三阶段	
油基岩屑资源化利用	油基岩屑	t/a	石油烃、岩屑	12 600	30 000	42 600	通过汽车运输至本项目区
透水砖生产线	亚硫酸钠	t/a	—	—	1 440	1 440	外购、汽运
	水泥	t/a	—	—	1 184	1 184	外购、汽运
	石灰	t/a	—	—	4 384	4 384	外购、汽运
	石膏	t/a	—	—	1 376	1 376	外购、汽运
	灰渣	t/a	—	11 571.048	27 525.27	39 096.3	油基岩屑资源化利用生产线
废气处理	活性炭	t/a	—	3.2	7.6	10.8	外购、汽运

②原材料组分分析。项目所用到的油基岩屑来自 202 ~ H2 号井,其组分分析见表 6.30。

表 6.30　油基岩屑组分分析

监测项目	监测点位
	足 202 ~ H2 号井油基岩屑
Cu	29.2
Cr	41
Ni	24

续表

监测项目	监测点位
	足 202 ~ H2 号井油基岩屑
Zn	270
Pb	236
Cd	1.5
As	11
Hg	0.511
总石油烃	125 700
苯	0.05
甲苯	0.28
乙苯	0.69
间、对二甲苯	0.71
邻二甲苯	0.30

③物料平衡。两条油基岩屑资源化利用生产线的物料平衡见表 6.31、表 6.32。

表 6.31　1#油基岩屑资源化利用生产线的物料平衡表

投入原辅料及能耗名称	投入量/(t·a⁻¹)	产出物名称	产出量/(t·a⁻¹)
油基岩层	12 600	灰渣	11 571.048
降温用水	1 890	回收油	1 721.5
合计	14 490	不凝气	45.37
—		处理后回用水	542.96
		浓液	40
		粉尘	0.9
		挥发损耗	1.222
		水蒸气消耗	567
		合计	14 490

表 6.32　2#油基岩屑资源化利用生产线物料平衡表

投入原辅料及能耗名称	投入量/(t·a⁻¹)	产出物名称	产出量/(t·a⁻¹)
油基岩层	30 000	灰渣	27 525.27
降温用水	4 500	回收油	4 095.5
合计	34 500	不凝气	112.33
—		处理后回用水	1 315.73
		浓液	96
		粉尘	2.2
		挥发损耗	2.97
		水蒸气消耗	1 350
		合计	34 500

3）工艺

油基岩屑资源化利用生产工艺如下：

（1）原料进场及储存工序

各钻井平台产生的油基岩屑由专业转运车辆运至本项目油基岩屑暂存池旁进行卸料,油基岩屑采用软管泵入暂存池待处理。本工序产生的污染物主要为油基岩屑在暂存池内储存,产生挥发性有机废气和恶臭气体 G_1。

（2）上料工序

存储在油基岩屑暂存池内的油基岩屑,经过抓斗将岩屑放入进料斗内,然后通过密闭的传送带将油基岩屑送入热脱附进料口,进料口与传送带间密闭,采用螺杆推进进料方式将油基岩屑连续送入热脱附设备中。本工序产污主要为设备噪声 N_1。

（3）热脱附工序

热脱附工序在热脱附设备内进行,油基岩屑进入热脱附设备后,采用天然气加热,热脱附设备主体分为热脱附腔和燃烧室两个部分。热脱附设备为连续进料,物料始终完全覆盖进料螺杆以形成气锁,可变速螺旋可以始终将物料保持在螺旋上方以保持气锁的形成,腔内基本无气体逸出。脱附设备为转窑形式,窑体通过旋转过程将物料从窑头向窑尾进行传导。

为保障油基岩屑在无氧环境中进行脱附,在热脱附设备运营过程中持续注入氮气,设备尾部采用抽风设施对热脱附过程中产生的废气进行收集处理,即注入氮气,同时尾部进行抽风,热脱附设备压力平衡。

经过加热处理后,灰渣通过耐热双倾翻板阀排出转窑窑体。灰渣排出后,翻板会立即关闭。随后,灰渣通过钻屑调节器进行冷却,并通过密闭输送带输送至出渣输送机,最终排放到灰渣堆场。

热脱附设备为连续进料,油基岩屑在热脱附腔内依次经历加热(6 h)、冷却(2 h)、出渣(0.5 h)3 个过程,通过油基岩屑在热脱附腔内加热时间控制灰渣含油率,经过 6 h 加热后含油率可达 0.3% 以下。主要过程如下:

①油基岩屑在热脱附炉内缺氧状态下被间接加热,采用窑体旋转方式前进,炉内加热温度保持在 360 ℃,持续加热时间约 6 h,加热过程中水蒸气和油类等逐渐蒸发出来,当油类蒸发完毕后进入钻屑调节器进行冷却。

②经过热脱附处理的灰渣,通过耐热双倾翻板阀排出转窑窑体,将灰渣排放到钻屑调节器中,通过注水泵向调节器内喷水抑尘降温约 2 h,喷水量控制在灰渣出炉时不起扬尘也无废水滴漏。为了防止灰渣在冷却过程中发生逸散性排放,钻屑调节器顶部安装布袋过滤器用于灰渣扬尘过滤,过滤下的灰尘直接掉入调节器中。灰渣从调节器排放到倾斜的堆料输送机上,灰渣含水率约 15%,装入输送斗内,通过密闭式输送带直接输送至灰渣暂存堆场,输送带上也设置有喷水系统向灰渣进行喷水降温,并且有抑尘作用。

③水和石油烃先后从油泥中脱附出来形成解析气(石油烃+水蒸气),温度约为 360 ℃,首先经过高温布袋过滤器过滤解析气中的粉尘后进入一级油冷凝塔,通过风冷换热器进行换热降温,气体被迅速降温到 100 ~ 121 ℃,将大部分的油冷凝分离,分离的油采用可视化敷设的管道输送至回收油储罐储存。未冷凝气体继续进入二级冷凝塔,通过风冷换热器进行换热降温,温度低于 50 ℃,将大部分的水冷凝。经过冷凝系统后,管道内的不凝气(主要为 C_4 以下的石油烃,以甲烷为主)在风机负压抽风的作用下先经碱法喷淋塔去除不凝气中 HCl 后输送至热氧化器进行燃烧处理,燃烧温度约 800 ℃。冷凝的水进入隔油罐进一步分离,分离的少量油输送至回收油储罐储存,剩余的废水进入污水处理

系统。

本工序产污主要有热脱附设备燃烧室燃烧废气 G_2、不凝气 G_3、热氧化器燃烧废气 G_4、出渣产生的废气 G_5、灰渣堆场处落料及转运粉尘 G_6；出灰渣输送噪声 N_2、风冷换热器产生的噪声 N_3、各类风机产生的噪声 N_4；油水分离产生的 W_1 废水；热脱附后产生的灰渣 S_1、回收油 S_2 以及回收油罐区挥发的有机废气 G_7、回收油罐产生的罐底切水 W_9 和罐底残渣 S_9，高温布袋定期清除。

4）冷凝废水处理工序（图6.17）

热脱附后产生的解析气经冷凝后的废水首先进入隔油罐内进一步分离隔油，经隔油后的冷凝废水进入气浮罐去除少量油类物质、悬浮物后进入蒸发器进行蒸发处理，由热水锅炉通过热水间接加热为蒸发器提供热量，热水间接加热温度为 85～90 ℃，蒸发器内蒸发温度为 80 ℃，蒸发器内部绝对压力为 4～10 kPa，蒸发后会产生浓缩液，气浮过程会产生少量油类物质进入浓缩液一并处理。分离的少量油类输送至回收油储罐储存，蒸发处理后产生的冷凝水用于厂区内灰渣降温用水。项目配套 1 t/h 和 4 t/h 的燃气锅炉各 1 台，每台锅炉配有 1 套软水制备装置。软水制备采用钠离子交换树脂，填装量为 250 kg，约 3 年更换一次。本工序产污主要有锅炉废气 G_8、锅炉软水制备清净下水 W_2、钠离子交换树脂更换产生废树脂 S_3、污水泵及输油泵等产生的噪声 N_5、蒸发系统产生的浓缩液 S_4。

在油基岩屑经脱油后产生的灰渣被鉴定为非危废后，企业将把灰渣运至 8# 厂房南侧的透水砖生产线，对灰渣进行资源化处置。透水砖的生产工艺（图6.18）如下：

（1）原料装卸、储存

本环节水泥由罐车通过气力管道密闭输送至筒仓内，灰渣则经密闭输送带从油基岩屑资源化利用厂房输送至本次 8# 厂房灰渣堆场。石灰、亚硫酸钠、石膏则以袋装形式进入全封闭的制砖原料储存间，并在相应区域暂存。

（2）配料及搅拌

水泥通过螺旋输送机经密闭管道送至配料斗中，石灰、亚硫酸钠、石膏在制砖原料储存间内破袋后，人工倒入进料斗，再由密闭传输带送至配料斗中。各原料按比例配料后，通过重力作用进入下方的斗提机，最终输送至搅拌机。与此同时，向搅拌机中喷洒加水，搅拌 10 min 后，物料由皮带送入下一道工序。

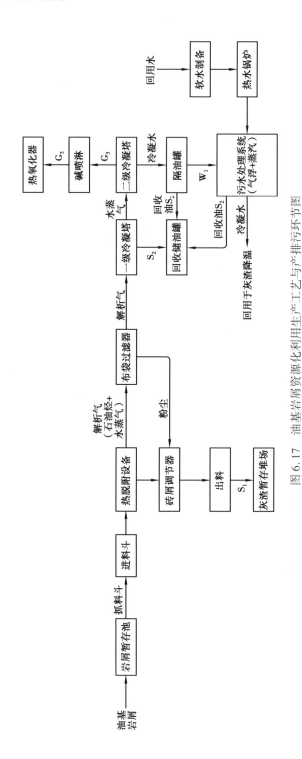

图 6.17　油基岩屑资源化利用生产工艺与产排污环节图

本项目在配料斗、搅拌机进料区域设置半封闭集气罩,由负压抽风机引至布袋除尘器进行处理,除尘灰可用作原料再次进入生产线。制砖原料储存间采取全封闭措施,并在储存间内接一根负压抽风管道,引至配料斗、搅拌机除尘器进行处理。

(3)**挤压成型**

搅拌后的物料由皮带送至挤压成型机,在模具与压力作用下,物料被挤压成成品砖,整个过程在40 s内完成。再由叉车将成品砖送至厂房南侧的养护车间,再利用码垛机将砖块堆叠整齐。未成型产品直接回到成型工序再利用。

(4)**晾干与外售**

成品砖经过自然通风晾晒及养护7天后,应结合《透水路面砖和透水路面板》(GB/T 25993—2010)进行产品质量检测以及参照《水泥窑协同处置固体废物技术规范》(GB 30760—2014)进行有害物质含量检测。

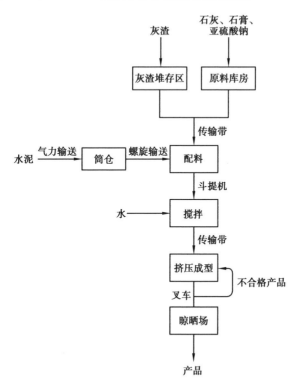

图6.18 透水砖生产工艺流程图

6.5.3 废矿物油综合利用

该项目建有 4 座生产厂房和 9 套生产装置,其中,生产厂房三设计有废矿物油处理装置,可处理废矿物油 2 000 t/a。该废矿物油处理项目采用膜分离技术,对废矿物油依次进行沉降分离、升温脱水、膜分离等处理,膜过滤后可得到产品燃料油 1 480 t/a。

1)主要技术参数

①废矿物油处理能力:2 000 t/a。

②用水量:4.04 万 t/a(以 4 个生产厂房计)。

③耗电量:300 万 kW·h/a(以 4 个生产厂房计)。

④天然气耗量:27 万 m³/a(以 4 个生产厂房计)。

⑤蒸汽用量:3 000 t/a(以 4 个生产厂房计)。

⑥矿物油膜处理系统规格:0.85 t/h。

⑦燃料油生产能力:1 480 t/a。

2)原辅材料

(1)原辅材料

该项目原料为废矿物油,主要来自重庆地区的电厂、汽车修理厂、冶炼厂及钢铁厂等,数量为 2 000 t/a,处理过程中不需要其他辅料。

(2)原料成分

废矿物油成分见表 6.33。

表 6.33　废矿物油成分

危废名称	Cy	Hy	Oy	Sy	Ny	Ay	My	Py	Cly	密度	pH
废矿物油	77.63%	10.91%	1.71%	0%	0.93%	3.82%	5%	0.01%	0.024%	0.8 g/cm³	7

(3)工艺

项目采用振动膜废油再生系统(Vibrating Membrane Advanced Treatment,VMAT)技术进行废油再生,VMAT 是新一代膜分离技术,有别于传统膜分离技术。VMAT 系统借助超频震动,在薄膜表面产生剪切力,从而大大减少淤塞,并提高浓缩比。

废矿物油在矿物油原料沉降罐中自然沉降,分离出大型固体(固废沉渣)和上层清水(沉降分离废水),沉降分离废水进入有机类废液处理装置处理;初步除杂出水后的废油进入脱水及干燥装置,通过蒸汽加热升温减压脱水(产生低沸点废气);完全没有水分的无水滤液通过矿物油膜处理系统进行膜过滤,膜一侧的清液即为燃料油装桶,作为产品出售;膜另一侧的浓液作为危险废物处理。

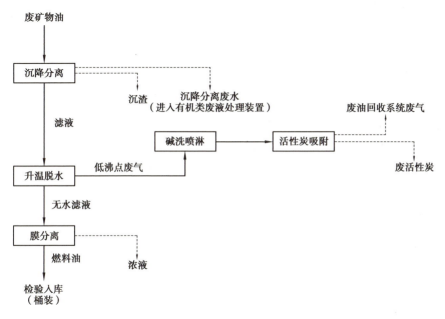

图 6.19 膜分离技术工艺流程图

6.5.4 废包装桶综合利用

该项目包括 1 条 200 L 塑料和金属包装桶自动化清洗生产线、1 条 1 ~ 120 L 废塑料和金属油漆包装桶自动化破碎清洗生产线以及 1 条塑料吨桶清洗生产线,采用自制倒残、清洗设备等。年可清洗 200 L 塑料和金属包装桶 48 万个、塑料吨桶 2 万个,破碎清洗 1 ~ 120 L 废塑料和金属油漆包装桶 2 800 t/a。处理后的再生包装桶回用于相应的供应厂家,供应厂家不需要的则外售给相关使用企业。自动化破碎清洗生产线形成的金属铁块和塑料块外送综合利用。

1）主要技术参数

①废包装桶处理能力:清洗 200 L 包装桶 48 万个/a,清洗塑料吨桶 2 万个/a,破碎清洗 1~120 L 包装桶 2 800 t/a。

②用水量:1 023 t/a。

2）原辅材料

（1）配料设计

本项目 200 L 塑料和金属包装桶、塑料吨桶采用工业乙醇、乙酸乙酯作为清洗溶剂,二者按 1∶1 比例添加,不进行溶剂配制;1~120 L 废塑料和金属油漆包装桶先破碎后再采用四氯乙烯作为清洗溶剂。清洗溶液在清洗过程中采用循环利用的方式,即第一次清洗完成后倒料回收的清洗溶液可作为第二次清洗时的溶剂,以此类推(本次按照清洗溶剂 3 次循环使用进行计算),直至清洗溶液达到溶解饱和、不能满足清洗要求时停止使用。

（2）原辅材料消耗情况一览表（表 6.34）

表 6.34　原辅材料消耗情况一览表

类别	名称	主要组分	年用量	最大储存量
原料	200 L 塑料和金属包装桶	—	48 万个	4 000 个
	塑料吨桶	—	2 万个	200 个
	1~120 L 废塑料和金属油漆包装桶	—	2 800 t	10 t
辅料	工业乙醇	C_2H_6O	18.2 t	0.4 t
	乙酸乙酯	$C_4H_8O_2$	18.2 t	0.4 t
	四氯乙烯	C_2Cl_4	9.5 t	0.4 t

3）工艺

针对 200 L 包装桶、塑料吨桶和 1~120 L 废包装桶,本项目将分别作无害化处理。

200 L 塑料和金属包装桶无害化处理工艺流程如图 6.20 所示,检漏确定的 200 L 破损包装桶处理工艺流程如图 6.21 所示。

①收集、运输。沾染危险废物的废旧包装桶由产废企业自行收集,并暂存

在厂区指定的暂存区域。当达到一定数量后通知建设单位。建设单位对包装桶沾染的危险废物类型进行确认,若属于建设单位能够综合利用的包装桶类型,则委托有资质的单位派出专业车辆对废旧包装桶进行收运;若不属于建设单位能够综合利用的包装桶类型,则拒收。拟建项目收集的包装桶短暂存放于待处理包装桶堆存区,盖紧包装桶,以减少挥发性废气的产生。产生的废气经负压收集后进入废气处理系统进行处理。

②擦拭外壁。本工序主要使用棉纱对包装桶外壁进行人工擦拭。当包装桶外壁较难清理时,将配合使用清洗溶剂进行擦拭,该部分包装桶占总量的比例约 60%。该工序会挥发产生一定的有机废气(G_{1-1})和废棉纱(S_{1-1})。

③倒残。项目收集的废旧包装桶为空桶,但是包装桶内仍可能沾染极少量的残留物料,因此需将桶内的残留物料倒出并收集,以便于后续无害化处理。首先,需人工将包装桶送入残留物料收集生产线的传送带,再将包装桶倒置于生产线上,整个流程倒置时间约 15 min;随后,利用抽吸设备将桶内残留物料回收至残留物料储存桶中进行储存。针对不同类型的包装桶内残留物料,项目配备单独的储存桶进行收集,以防止不同类型的残留物料之间发生反应。

该工序会产生少量有机废气(G_{1-2})和桶内残留物料(S_{1-2}),残留物料依据回收的包装桶内沾染物料分类收集和贮存。残留物料种类主要为废有机溶剂、废矿物油、废油水/烃水混合物、废漆渣和有机树脂类等。残留物料收集生产线与自动化清洗生产线相连,200 L 包装桶于倒残后直接自动喂入自动化清洗生产线。

④清洗、倒料。清洗工序主要针对 200 L 包装桶的内壁。此工序主要设备为翻桶灌料机、全自动清洗机、倒料机。首先打开倒残后自动喂入的包装桶桶盖,然后灌入清洗溶剂约 2 kg;灌装溶剂的过程类似加油站加油过程,溶剂通过长枪夹套从灌料机底部注入包装桶内。根据 200 L 塑料和金属包装桶的洁净程度,将每个包装桶清洗干净所需时间为 7～11 min(取平均值为 9 min)。清洗时间可以通过设置不同的传送速度来调节。本项目清洗机设置 15 个工位(编号分别为 1#、2#、3#、…、15#),每个工位容纳 1 个包装桶,包装桶在清洗机内做翻滚运动,每隔 0.6 min 自动传送至下一个工位,从 1#工位依次自动传送至 15#工位所需时间为 9 min,即包装桶清洗时间为 9 min/个。因此,自动化清洗线每0.6 min 即可完成一个包装桶的清洗,清洗能力可达每小时 100 个。

包装桶内壁清洗完成后,包装桶从15#工位自动送入倒料工序,由倒料机倒出溶剂至循环槽内,溶剂回收后循环利用;循环槽为密闭装置,并设有滤网,定期排出过滤废渣(S_{1-3}),并向循环槽内补充新鲜溶剂,更换周期为每周一次。

本项目所用溶剂采取循环使用的清洗方式,即第一次清洗完成后倒料回收的清洗溶液可作为第二次清洗时的溶剂,直至清洗溶液达到溶解饱和、不能满足清洗要求时停止使用。废清洗溶剂作为危险废物委托有资质的单位进行处置。200 L包装桶在运输进厂时通常会保持密闭状态,但在注入清洗溶剂和倒料工序时,可能会有少量的有机废气挥发(G_{1-3})。循环使用后的清洗溶剂变得黏稠,达到溶解饱和后无法继续使用,此时作为危险废物处理。废清洗溶剂(S_{1-4})主要成分为乙醇、乙酸乙酯和桶内残留物料。

⑤检漏。为了确保清洗后的包装桶质量,完成倒料工序的包装桶,自动喂入检漏机。通过向包装桶内充入空气增压,进行压力测试,保压30 s不渗漏即表明桶身完好,否则,为破损桶。该工序会产生一定的有机废气(G_{1-4})。

⑥吹干。本工序主要利用内吹干机,对包装桶内壁进行吹扫,避免桶内残留溶剂。该工序会产生一定量的有机废气(G_{1-5})。

⑦破碎。经检漏工序确定为破损的200 L塑料和金属包装桶,累积至一定数量后,采取破碎处理。其中,金属包装桶破碎后形成废金属(S_{1-5}),塑料包装桶破碎后形成废塑料(S_{1-6})。

⑧控制系统。该项目引进国内先进的自动化清洗生产线,倒残、清洗、倒料、检漏等工序一气呵成,可实现自动化操作。自动化清洗生产线的控制系统采用独立电气控制,主要电控气动元件采用国际名牌产品,气动系统压力范围为0.2~0.8 MPa。防爆型电器控制柜的各单机均采用独立高功能PLC电气控制,系统进桶动作执行与各单机主要动作联锁控制。此外,各单机参数修改采用显示屏式修改器,手(自)可转换操作方式,从而实现了系统的高可靠性和智能化。

塑料吨桶无害化处理工艺,如图6.22所示。

①收集、运输。与200 L塑料和金属包装桶相同,这里不再赘述。

②擦拭外壁。使用棉纱对塑料吨桶的外壁进行人工擦拭。当包装桶外壁较难清理时,将配合使用清洗溶剂进行擦拭,该部分包装桶占总量比例约60%。该工序会挥发产生一定的有机废气(G_{2-1})和废棉纱(S_{2-1})。

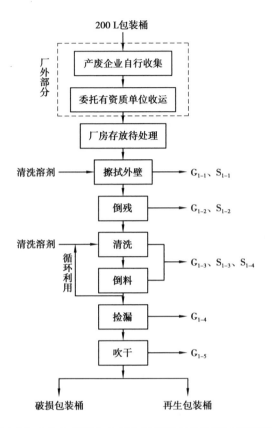

图 6.20　200 L 塑料和金属包装桶无害化处理工艺流程图

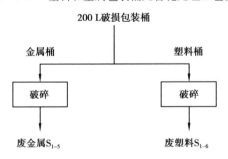

图 6.21　检漏确定的 200 L 破损包装桶处理工艺流程图

③倒残。首先将吨桶倒置于自制倒残架上约 15 min，然后利用抽吸设备将桶内残留物料回收至残留物料储存桶中进行储存。倒残架上方设置集气罩，收集开、关桶盖时挥发的少量废气。该工序主要污染物为挥发废气（G_{2-2}）和桶内残留物料（S_{2-2}），残留物料根据回收的包装桶内沾染物料分类收集、贮存，残留

物料种类主要为废矿物油和废油水/烃水混合物。

④清洗。使用自制清洗机对塑料吨桶进行清洗,首先人工向吨桶注入约 10 kg 工业乙醇+乙酸乙酯清洗溶剂,盖好盖子使其处于密闭状态;清洗机带动吨桶上下左右转动、时间约 15 min。每台清洗机可一次清洗 2 个包装桶,项目共设置 2 台清洗机,则吨桶的清洗能力为每小时 16 个。清洗完成后人工将清洗溶液转移至下一组待清洗吨桶内循环利用,最终不能继续使用的废液(S_{2-3})全部倒入储存桶内密闭储存。该工序在添加清洗溶剂及转移清洗溶剂至下一组待清洗吨桶的过程中会挥发少量的废气(G_{2-3})。

⑤吹干。本工序主要利用内吹干机,对塑料吨桶内壁进行吹扫,避免桶内残留溶剂。该工序将会产生一定的有机废气(G_{2-4})。

⑥检验。检查塑料吨桶是否完好无损。对于检验确定为破损的吨桶,应将其累积至一定数量后,对这些破损吨桶采取剪切处理,从而得到废塑料(S_{2-4})。

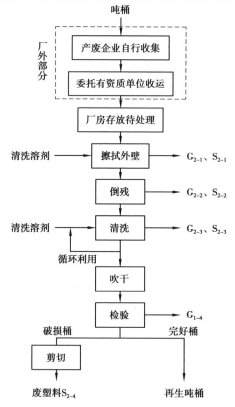

图 6.22　塑料吨桶无害化处理工艺流程图

1～120 L 废塑料和金属油漆包装桶的无害化处理工艺,如图 6.23 所示。1～120 L 废塑料和金属油漆包装桶采取"自动化破碎——清洗"无害化处理方式,包装桶处理能力每小时约 200 个。废塑料和金属油漆包装桶无害化处理工艺流程如图 6.23 所示。

①收集、运输。与 200 L 塑料和金属包装桶相同,这里不再赘述。

②破碎。1～120 L 废油漆包装桶包括塑料桶和金属桶,均利用自动化破碎清洗生产线进行无害化处理,二者为共线生产。废包装桶通过全封闭喂料提升输送机均匀喂入破碎机,对于检漏确定的破损 200 L 废包装桶,设置喂入量为 50 个/h;对于 1～120 L 废油漆桶,设置喂入量为 200 个/h。

本项目破碎机的破碎腔结构为 950 mm×960 mm,采用快速更换型破碎活齿,快速旋转的活齿将桶破碎为 75 mm×120 mm 的铁块。该工序主要污染物为挥发性废气(G_{3-1})。

③清洗、倒料。本工序主要设备为螺旋滤筒式清洗机,采用滚筒结构。破碎后的 1～120 L 废油漆桶采用四氯乙烯进行清洗,自动化清洗生产线检漏确定的破损 200 L 包装桶仅进行破碎、不重复清洗。

清洗溶剂预先注入清洗机内,破碎工序产生的塑料块或铁块进入清洗机内快速翻滚、并进行不间断的搅拌,使塑料块或铁块沾染的废物与溶剂充分混合溶解、逐步分离。螺旋滤筒式清洗机拥有自动倒料系统,塑料块或铁块清洗完成后,由倒料机倒出清洗溶液至循环槽内,溶液回收后循环利用;循环槽为密闭装置,并设置滤网,定期排出过滤废渣(S_{3-1}),向循环槽内补充新鲜溶剂,更换周期为每周一次。

本项目所用溶剂采取循环使用的清洗方式,当清洗溶剂不能满足清洗要求时,废清洗溶剂(S_{3-2})作为危险废物交有资质的单位进行处置,废清洗溶剂的主要成分为四氯乙烯、漆渣等。此外,本工序在注入清洗溶剂和倒料时有少量的有机废气挥发(G_{3-2})。

④吹干。倒料完成后,利用吹干机对塑料块或铁块进行吹扫,避免溶剂残留。吹扫过程中,塑料块或铁块仍然处于快速翻滚状态,同时进行不间断的搅拌。该工序会产生一定的有机废气(G_{3-3})。

⑤控制系统。自动化破碎和清洗生产线的控制系统为独立电气控制系统,主要电控气动元件均采用国际名牌产品。电器控制柜中的每台单机均为独立

的高功能 PLC 电气控制系统。系统进桶动作执行与各单机的主要动作通过连锁控制实现,各单机参数修改采用显示屏式修改器,手(自)可转换操作方式,实现系统的高可靠性和智能化。螺旋滤筒式清洗机内翻滚清洗、搅拌、吹干的全过程都是封闭进行的,设备预留了空间接入抽气系统;清洗液能自动倒料和收集,实现循环利用。

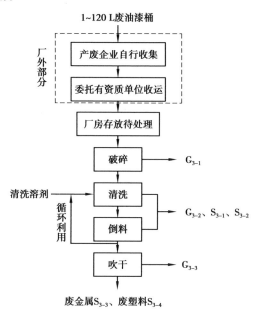

图 6.23　1～120 L 废塑料和金属油漆包装桶无害化处理工艺流程图

第7章 展望

分类分级梯次推进工业固体废物利用,实现固体废物领域减污降碳高效协同,是未来工业固体废物综合利用发展的要求。

7.1 规模化利用低风险高产生量固体废物

对于资源及有毒有害物质含量低、环境风险小的煤矸石、粉煤灰、尾矿、废石、炉渣等工业固体废物,应就近开展矿山环境治理、地下采空区治理、土壤改良等规模化生态利用。探索推广粉煤灰充填等规模化生态利用技术。

7.2 高值化资源化固体废物利用

提高金属尾矿再选过程中矿产资源的二次回收率,降低贫化率,大力推动共伴生矿和尾矿综合利用,推动赤泥、锰渣等废弃物的处置利用。充分利用低品位、共伴生矿产资源,重点加强有色金属、贵金属、稀有稀散元素矿产等共伴生资源的回收效率。鼓励废矿物油、有色金属冶炼废渣、电镀污泥、蚀刻液等危险废物提取有价资源、制备替代燃料等高附加值技术产业化应用。以有色金属尾矿、冶炼渣为重点,开展有害元素去除技术产业化应用。以化工、装备制造等行业为重点,开展高热值危险废物生产替代燃料产品研发及自动化关键设备研发;开展废酸、废碱、废乳化液、废有机溶剂等危险废物减量化和资源化利用技术及其关键装备研发。开展危险废物分类资源化利用过程中的污染防治、风险控制等关键技术及装备研发,并吸收引进先进技术,开展资源化利用产品风险评估技术研究。完善烟气脱硫石膏、磷石膏等标准,提高工业副产石膏品质控制要求,以替代部分天然石膏用于生产石膏产品。

7.3　推进固体废物利用,实现减污降碳高效协同

"无废城市"建设与碳减排具有天然耦合性,固体废物资源化利用是减污降碳的重要手段。重点在于推广绿色生产生活理念,构建资源循环利用体系,以及实现固体废物无害化处置。例如,通过构建废钢、废铝等再生资源和工业固体废物的资源循环利用体系,加快发展电炉短流程炼钢,强化废铝资源分级分类回收处理,提高废铝资源保级利用水平。同时,推进粉煤灰、冶炼废渣等工业固体废物在建筑材料生产过程中替代原材料,从而有效降低原生矿产资源开采产生的工业固体废物,同时减少矿产开采、金属冶炼、处置等环节产生的碳排放。此外,完善有机固体废物焚烧发电等无害化处置环节的能源体系建设,因地制宜发展生物质能清洁供暖,使用无法再生的纸张、纺织品等高热值固体废物制备垃圾衍生燃料,可以在保障固体废物安全处置的同时,减少化石能源发电产生的碳排放。

7.4　历史遗留高风险固体废物综合治理

开展重要的生态安全保障区和主要生态服务功能供给区、自然保护区、禁止或限制开发区等空间区域内历史堆存的尾矿、冶炼渣、粉煤灰、煤矸石等工业固体废物堆场卫星遥感定位排查、环境风险评估和资源化利用潜力评估,建立工业固体废物堆场综合整治清单,有序推进历史遗留高风险工业固体废物堆场生态治理。

附录

《国家工业资源综合利用先进适用工艺技术设备目录（2023 年版）》

序号	工艺技术设备名称	技术装备简介	关键技术及主要技术指标	具体适用范围
（一）工业固废减量化				
1	浮选胶磷尾矿二次提取源头减排集成技术	该技术适用于对胶磷尾矿中有用矿物和脉石矿物进行解离和分选,胶磷尾矿通过预先浮选一浓缩一磨矿一分级一再选等工序,实现了尾矿精选,提高了精矿产率并减少尾矿产出	**关键技术:** 胶磷尾矿高效微细磨矿技术和分级工艺技术 **主要技术指标:** 外排尾矿品位从 10% 降至 6.4%,精矿产率提高 4% 以上,回收率提高 5% 以上	磷矿选矿和尾矿减排

续表

序号	工艺技术设备名称	技术装备简介	关键技术及主要技术指标	具体适用范围
2	基于人工智能机器视觉的矿石智能分选技术	该技术根据矿石中不同构成成分和对应的物理差异,通过机器视觉和人工智能技术,对矿石高速成像,实时识别分析,并进行矿石智能分选	**关键技术:** 矿石 AI 分类算法;矿石高速成像处理技术 **主要技术指标:** 分选精准率 99%,每秒可自动分选 3 000~10 000 颗矿石,每小时最高可处理 350 t 矿石	矿石智能分选
3	旋流喷射微纳米气泡浮选柱(机)	该设备通过瞬间产生大量微纳米气泡,捕获小于 19 μm 以下微细矿粒,形成疏水性矿团。可应用于黑色金属、有色金属硫化矿、氧化矿及非金属矿的选矿	**关键技术:** 微纳米旋射流喷泡发生器 **主要技术指标:** 选矿回收率比传统浮选机提高一倍左右,比常规浮选柱提高 30% 以上;药剂比普通浮选设备节省 1/3~1/2	微细颗粒物浮选回收
4	流动态/非流动态含油污泥纳米微乳液循环清洗及配套工艺技术	该技术是通过超支化纳米清洗材料和开关型纳米微乳液循环清洗。根据含油污泥进行清洗,根据污泥特点调整药剂和工艺组合方案,可低成本高效回收原油,实现减量化和资源化利用	**关键技术:** 超支化纳米清洗材料;开关型纳米乳液循环清洗剂 **主要技术指标:** 乳化增溶能力≥80%,开关后破乳率>80%,原油回收率≥90%,循环使用次数≥20,减量化后含油污泥绝干底泥含油率≤2%	含油污泥减量化与综合利用

			关键技术：	
5	低温干化半固态废物工艺技术装备	该技术装备可将含水率 60% ~ 80% 的污泥、废渣等半固态废物干化至含水率 10% ~ 40%，干化后的物料可作为水泥窑替代燃料或原料	**关键技术：** 水泥窑烟气热余热与低温带式干化结合工艺技术 **主要技术指标：** 可将含水率 60% ~ 80% 的半固态废物干化至 10% ~ 40%，物料减重 50% 以上	半固态废物减量化、资源化
6	石化行业含油污泥热萃取处理工艺	该技术通过破坏污泥内部的水化膜，将水汽化出去，油和固体物溶解到馏分油中，最终将污泥分离成油、水和固体 3 种产物。可用于石油炼制、化工及储运行业产生的含油石油污泥无害化处理	**关键技术：** 重力沉降和机械脱水技术；热萃取工艺，破壁脱水干化工艺 **主要技术指标：** 脱出水 COD 小于 1 500 mg/L，油小于 150 mg/L	储油罐底泥、隔油池底泥、除油罐底泥浮渣、剩余活性污泥处置
7	泥浆制煤泥煤泥无热干化高压压滤机	泥浆制煤泥无热干化系统集"传统压滤机+干燥设备"功能于一体，以物理压榨方式替代传统的"压滤机+烘干"两道工序，所产干煤泥可直接制粉掺配或直销	**关键技术：** 高压压滤技术 **主要技术指标：** 单机年产能 20 万 t；压榨压力可达 10 MPa；煤泥含水率最低可降至 13%；运营成本相当于干烘干的 20%	煤泥干化

续表

序号	工艺技术设备名称	技术装备简介	关键技术及主要技术指标	具体适用范围
8	密闭式低温热泵污泥干化技术	该技术利用低温热泵除湿原理，对污泥进行热风循环冷凝除湿干化，干化后的污泥含水率可降低至20%左右，减重50%以上	**关键技术：**污泥造粒技术；密闭式热风循环冷凝工艺及污泥料箱技术 **主要技术指标：**低温热泵技术可将含水率65%~85%污泥干化至含水率10%~30%，减量50%以上；设备消耗1度电可脱水2.5~3kg	污泥干化
9	蚀刻/微蚀液循环再生提铜系统	蚀刻/微蚀液循环再生提铜技术采用"离子膜电解"工艺，用离子膜将电解槽分隔成两个独立的区域，可实现蚀刻/微蚀液循环利用，同时对铜进行回收，产出高纯铜板	**关键技术：**离子膜电解技术 **主要技术指标：**零排放，蚀刻废液全循环回用，废液中的铜100%回收	PCB企业的酸/碱性蚀刻，硫酸一过硫酸钠体系微蚀液循环利用
(二)工业固废综合利用				
1	钢渣资源化利用集成技术	钢渣经过焖热箱焖渣、滚筒裂解、筛分、破碎、磁选、磨粉等多道工序，分选出甲级钢渣、乙级渣钢、粒子钢、混合渣粉、精矿粉等产品返回钢厂。尾渣通过生产钢渣微粉，钢渣微粉作为建材原料或制造高性能土壤固化剂	**关键技术：**钢渣分离技术；分级使用技术；利用钢渣微粉制造高性能土壤固化剂专利技术 **主要技术指标：**钢渣尾渣中铁含量3%以下	钢渣资源化利用

序号	技术名称	技术内容	关键技术及主要技术指标	应用领域
2	气化细渣深度脱水干化和资源化综合利用技术	该技术利用真空干化原理，通过进料过滤、隔膜压榨，热水加热、真空干化等过程，使滤饼含水率降至30%以下。处理后的滤饼成粉块状、水分含量低，无黏稠特性，热值高，可利用皮带输送系统直接送入锅炉掺烧	**关键技术：**气化细渣深度脱水干化技术；气化细渣资源化综合利用技术 **主要技术指标：**气化细渣含水率从75%~99%降至30%以下	煤化工领域气化固废、生化污泥的资源化利用
3	废盐碱渣综合利用技术	该技术用于尿素法生产水合肼生产过程中的多种副产废盐综合利用，包括分离、提纯等工序，分离后的废盐可用于氯碱生产	**关键技术：**碳酸钠和氯化钠分离提纯技术；脱氧化技术 **主要技术指标：**氯化钠回收率98%以上，纯碱回收率90%以上	高含盐碱混合物分离提纯及综合利用
4	气化炉渣连续燃烧脱碳与高效燃烧脱碳成套技术装备	该技术通过气化炉渣定燃连续燃烧脱碳，燃烧时采用多级燃配风实现稳燃，进而提高气化炉渣综合利用水平	**关键技术：**超低热值煤基固废燃烧脱碳技术；煤基固废无害化再生资源综合利用技术 **主要技术指标：**物料燃烧脱碳后，残碳含量低于5%，脱碳进料粒度10 mm；脱碳进料含水率<30%；脱碳温度800~850 ℃；排气温度70 ℃	气化炉渣综合利用

续表

序号	工艺技术设备名称	技术装备简介	关键技术及主要技术指标	具体适用范围
5	基于工业固废的二氧化碳矿化养护混凝土砌块工艺与装备	该技术使用增压的 CO_2 对混凝土砌块进行矿化养护。利用工业固废制造 CO_2 矿化低碳胶凝材料，并在矿化养护装备中，应用梯级均压工艺（压力范围为 0.5～1 MPa）生产低碳混凝土建材，实现二氧化碳封存与大宗固废处置	**关键技术：** CO_2 矿化低碳胶凝材料技术；梯级均压矿化养护技术 **主要技术指标：** CO_2 原料气浓度 10%～100%，CO_2 转化利用率 90% 以上，产品全生命周期碳减排 70% 以上，原料固废利用率 60% 以上	CO_2 资源化利用；工业固废资源化利用；混凝土预制制件生产
6	建筑固废轻物质分离带式水浮选技术	该技术采用浮选+水洗方式，对破碎后的建筑固废进行再生处理。经过水浮选技术处理的建筑固废再生骨料，轻物质去除率≥99%	**关键技术：** 建筑固废轻物质分离带式水浮选技术 **主要技术指标：** 再生骨料中轻质物含量<2%，含泥量<3%	建筑固废，砂石骨料等除泥除杂
7	电解锰渣资源化综合利用工艺技术	高温煅烧回收电解锰渣中的硫和氨，用于制备电解锰生产的工业硫酸和工业氨水，剩余的固体物质用于水泥混合材、水泥路面砖、再生骨料等原料，实现了电解锰渣无害化处理和资源化循环利用	**关键技术：** 锰渣无害化处理技术；硫、氨资源回收利用电解锰生产工艺技术；锰渣资源化利用技术 **主要技术指标：** 硫和氨资源回收利用率达 99.8%、锰渣实现无害化和资源化利用	电解锰废渣处理

			关键技术、主要技术指标	
8	硫铁矿制酸系统协同利用有机废硫酸资源化利用技术及产业化	根据有机废硫酸性质及其分解特点，在硫铁矿制酸所用的绝热式沸腾炉内建立了均匀稳定的温度场，将废硫酸裂解为二氧化硫，得到符合国标工业硫酸，实现协同利用效应	**关键技术：** 协同资源化利用有机废硫酸的硫铁矿沸腾炉技术 **主要技术指标：** 硫烧出率98.5%，废硫酸分解率98%以上；废气中SO_2浓度<200 mg/m³，硫酸雾浓度<5 mg/m³，颗粒物<30 mg/m³	有机废硫酸
9	钒渣亚熔盐法钒铬共提与产品绿色制造集成技术	钒渣在NaOH亚熔盐介质中经微气泡强化浸出，获得含钒铬的浸出液，再经脱硅、冷却结晶、蒸发结晶等工艺，制备五氧化二钒、铬制铬酸钠产品，可实现钒、铬高效同步提取	**关键技术：** 钒渣NaOH亚熔盐介质微气泡强化钒铬共提技术；碱介质中钒酸钠、铬酸钠高效结晶分离技术；钒酸钠清洁制备高纯五氧化二钒技术；提钒尾渣脱钠与全量高质利用技术 **主要技术指标：** 钒回收率90%以上，铬回收率80%以上；废气减量74.4%；五氧化二钒、铬酸钠产品分别达到YB/T 5304—2017和HG/T 4312—2012标准要求	含钒资源高效利用与固废减量化

续表

序号	工艺技术设备名称	技术装备简介	关键技术及主要技术指标	具体适用范围
10	金铜冶炼含砷废渣综合回收技术	该技术以铜冶炼行业产出的含砷烟尘和硫化砷渣为原料,采用酸浸等方法,降低渣中铜,砷含量,浸出渣作为铅精矿外售,铜同时将砷元素以白砷产品的形式回收,铜以铜渣方式返回系统,实现了砷的减量化和无害化	**关键技术:** 含砷烟尘和硫化砷渣协同处理技术;白砷湿法制备金属砷技术 **主要技术指标:** 全流程工艺铜直收率大于96%,砷回收率>94%;含砷溶液中铜含量<0.5 g/L;As₂O₃产品纯度>98%,单质砷产品纯度>97%	有色冶炼含砷固废处理
11	"混液萃取+络合吸附"再生Ⅰ类基础油生产Ⅱ类基础油装备	以废润滑油加工得到的非标或Ⅰ类(API标准)再生基础油为原料,经低剂油比混液萃取、接触吸附、过滤分离等工序,脱除再生基础油中的碱性氮、氯、氧基化合物、胶质、微量溶剂等物质,生产Ⅱ类基础油	**关键技术:** NMP低剂油比循环的混液萃取技术;络合吸附技术;固定吸附床吸附剂流态化输送技术;吸附剂连续脱附技术;吸附剂连续活化再生络合吸附技术。 **主要技术指标:** 饱和烃含量>94%;黏度指数>120,碱性氮含量≤6×10⁻⁶;硫+氯化物含量≤700×10⁻⁶;加热介质(或熔盐)温度为350~380℃;萃取温度为60~80℃,萃取压力为0.1~0.3 MPa;脱去游离水(120~180℃)活化反应区(500~600℃)	Ⅰ类再生基础油生产Ⅱ类基础油

序号	技术名称	技术简介	关键技术及主要技术指标	应用领域
12	钢铁转炉短流程协同资源化利用铁质废包桶技术	该技术是通过废铁质容器预处理技术及钢铁工业炉窑协同资源化利用，对铁质废包装桶进行短流程同资源协同利用。包含清残、压块等工序，可实现铁质废包装桶危废处置，助力减污降碳	**关键技术：**废铁质包装容器预处理工艺及装备开发；预处理过程行污染控制技术；铁质废包装桶压块质量管理控制技术；转炉资源化利用技术 **主要技术指标：**压块规格：50 cm×50 cm×50 cm；压块质量：220~230 kg/个	铁质废包装容器处置
13	再生桶生产工艺及智控技术	该技术集成了桶内残留液 X 射线智能识别、高效清洗工艺和智能桶身边口一体化智能整形和智能烘干及烘漆等工艺设备及控制模块，实现再生桶生产及系统运行的智能化	**关键技术：**再生桶桶内残留液的智能化检测与分类处置；再生桶的高效清洗工艺改进与智能控制；再生桶烘干及烘漆工段热工技术改造与智能控制 **主要技术指标：**再生桶生产技术工艺实现智能可控	再生桶综合利用
14	分子闪解有机固废循环利用与碳中和技术装备	有机固废经过分子闪解，产生雾状气态有机物，经过冷凝处理系统产生冷凝的不凝气作为主炉燃料，生产过程无废水、无灰尘、无二噁英排放	**关键技术：**高分子聚合物分子链打开及闪解技术 **主要技术指标：**原料撕碎≤2 cm，投料温度≥400 ℃，化学反应 0.02 s，处理量：50~500 t/d，产油率：50%~75%，二噁英零排放，每吨有机固废回收可减少 2.3~8 t 碳排放	有机固废综合利用

续表

序号	工艺技术设备名称	技术装备简介	关键技术及主要技术指标	具体适用范围
15	城乡生活垃圾绝氧低温连续碳剥裂解技术	该技术是将有机物在绝氧、低温条件下进行热解还原反应，实现物料在低温工况下完全热分解，可减少二噁英产生，提高了热解效率，实现城乡生活垃圾无害化、减量化、资源化	**关键技术：** 城乡生活垃圾无害化、减量化、资源化综合处置技术；城市有机固废再生资源化处置技术 **主要技术指标：** 热解温度 350~500 ℃，生活垃圾处理后质量减量率高于 80%，体积减量化率大于 90%，实现生活垃圾零填埋，尾气排放符合《生活垃圾焚烧污染控制标准》（GB 18485—2014）	城乡生活垃圾处置
16	餐厨废弃油脂再生生物柴油工艺技术与成套装备	该技术是以脂肪酶为催化剂，以餐厨废弃油脂为原料制备高品质的生物柴油。主要工艺为"预处理→酯化反应→粗甲酯精制→四塔联蒸"。餐厨废弃油脂制生物柴油得率可达到 90% 以上	**关键技术：** 多级油水分离预处理技术；磁性纳米颗粒复合载体固定化脂肪酶制备技术；粗生物柴油精制技术；一体化、分步式四塔联蒸智能控制技术；自适应、强鲁棒性在线调合技术 **主要技术指标：** 硫含量 ≤10 mg/kg；酸值 ≤0.50 mg/g KOH；水含量 ≤500 mg/kg；闪点（闭口）≥130 ℃；十六烷值 ≥51；脂肪酸甲酯含量（质量分数）≥96.5%	餐厨废弃油脂资源化利用

序号	名称	说明	关键技术/主要技术指标	应用
17	DSD酸制备固废源头转化及高值利用技术	该技术利用铁粉还原DNS制备DSD酸，同步原位生成氧化铁红颜料。通过氧化物相控制技术和还原反应控制技术生产的DSD酸含量可达到98%，同步生成的氧化铁红可作为颜料级氧化铁红直接销售	**关键技术：**氧化铁粉相控制技术；还原反应控制技术 **主要技术指标：**DSD酸纯度可达到98%，醛值≤（以甲醛计）0.2%；氧化铁红产品：铁含量[以Fe_2O_3（105℃烘干）表示]可达到97.5%，相对着色力：98%~102%	芳香胺类产品固废综合利用
18	铁矿采选联合制砂关键技术与产业化应用	该工艺技术开发出选矿与高品质砂石协同制备专项技术和装备，实现了铁尾矿全粒级的全面利用。用户可输入设计要求参数及原材料性质数据，通过软件自动计算出对应的配合比，并且预测根据此配合比设计的混凝土的性能	**关键技术：**全粒级利用技术；超低能耗磨粉技术与活性激发技术；混凝土配比设计系统 **主要技术指标：**选矿干抛尾矿及除尘灰100%利用，铁尾矿湿尾矿利用率达到30%~40%；尾矿粉磨能耗降低5%以上、活性65以上；30%~40%的尾矿微粉掺量混凝土长龄期强度均能满足等级要求	铁矿采选联合制砂
19	铸造黏土废砂综合利用成套技术	通过去除废砂表面的黏土和树脂残留物，使其能接近新砂，同时以高性能环保硫氧镁胶凝体系为无机黏结剂，以铸造废砂再生副产物为掺合料及骨料，制备到防火板材，实现废砂全面综合利用	**关键技术：**铸造废砂微湿法再生技术；硫氧镁装饰板成型、养护；直贴三胺饰面技术 **主要技术指标：**再生废砂酸耗值≤5，含泥量≤0.3%，细粉含量≤0.6%；硫氧镁装饰板固废使用率≥40%，表面胶合强度≥1.0 MPa，单位产品能耗≤3.5 kgce/m³	铸造废砂综合利用

续表

序号	工艺技术设备名称	技术装备简介	关键技术及主要技术指标	具体适用范围
20	新型陶粒高效烧结设备及工艺技术	将固废(煤矸石、尾矿、粉煤灰、赤泥、污泥、气化渣、冶炼渣尘等固体废物)通过高温焙烧制备成符合国家标准的陶粒产品,烧制过程中,采用热风循环,充分利用热余热	**关键技术:** 原料制备、造粒、筛分布料、静料层陶粒焙烧技术;烟气净化处理技术 **主要技术指标:** 固废原料研磨细度250目,生球含水13%~16%,粒径8~20 mm,烧成温度1 050~1 150 ℃,陶粒筒压强度≥6 MPa,吸水率≤10%,能耗≤18 m³/t(天然气),烧成电耗≤35 kW·h	煤矸石、尾矿、粉煤灰、赤泥、污泥、气化渣、冶炼渣尘等固废综合利用
21	固废物制备装配式建筑绿色(ALC)板材智能化装备技术	包含一套可编程的控制系统,可实现生产线的上料、计量、搅拌、温控、浇注、模具运行、报警、切割、包装等作业的自动化。建立了生产线全自动运行状态下的关键信息实时监测、异常捕捉、预报预警机制,可用于蒸压加气混凝土墙板、砌块绿色制造生产线	**关键技术:** ALC生产线柔性化、数字化、模块化及系统集成技术 **主要技术指标:** 固废料占比超过80%,可实现新型建材产品生产制造的无人化、少人化,产能提升约50%,能耗降低约30%	工业固废制备装配式建筑建材
22	利用自身余热烘干破碎电石渣煅烧熟料低碳技术	将化工生产聚乙烯产生的高水分电石渣通过余热进行烘干、经破碎、打散后,与粉煤灰、煤矸石、硅石、铜渣等冶金废渣混合配比,协同制备煅烧熟料,性能均能达到传统水硬性胶凝材料水平	**关键技术:** 水分由30%降低至0.5%直接为半成品进行粉体配料 **主要技术指标:** 生产硅酸盐水泥熟料固废料掺加量为100%,产品质量达到《通用硅酸盐水泥》(GB 175—2023)要求	电石渣制水泥

序号	技术名称	技术内容	关键技术及主要技术指标	分类
23	大型流态化焙烧磷石膏制备高附加值材料关键技术	磷石膏利用热烟气作为流态化动力，通过预热干燥、两级旋风预热器、流化床煅烧炉焙烧和换热，再进行冷却，制备合格的建筑石膏粉或无水Ⅱ型石膏为原料。该技术有效利用系统整体热能，达到了降低单位产品能耗的目的	**关键技术：** 磷石膏流化床煅烧装备技术 **主要技术指标：** 以二水石膏生产建筑石膏粉每吨的热耗≤360 000 kcal（折标煤≤53 kgce），比传统炒制法降低15%以上	工业副产石膏综合利用
24	高效节能发泡陶瓷辊道窑	该技术以抛光废渣、石材废料、煤矸石以及周边地区矿山及其他传统建筑材料的发泡陶瓷，通过优化分段布局，热风循环冷却等技术，缩短了产品的烧成周期，其产品可应用于多种建筑	**关键技术：** 分段系统技术；窑头置换室系统技术；创新窑具；燃烧系统；热风循环冷却系统技术 **主要技术指标：** 产品规格：1 200 mm×2 400 mm～2 400 mm×3 080 mm；产量：10～250 m³/d；烧成周期：6～22 h；断面温差≤3 ℃；烧成合格率≥95%	工业固废制造发泡陶瓷
25	磨选细粒湿尾矿全量资源化梯级利用工艺技术及设备	磨选细粒湿尾采用梯级回收工艺技术及设备产出机制细砂、铁尾砂和压滤饼三种产品，机制砂作建设用砂、铁尾砂和压滤饼作水泥厂水泥质校正剂，实现了微粒级湿尾铁矿全量资源化利用	**关键技术：** 磨选湿尾旋流器+高频细筛在线提取机制砂技术；超长变锥旋流器浓缩和陶瓷机过滤提取铁尾砂技术；微颗粒尾矿高效浓缩与膏体制备工程化技术；微粒细粒铁尾矿高压隔膜压榨及分段加压控制过程控制压滤技术 **主要技术指标：** 细度模数1.41 机制特细砂产率>20%，微细粒级尾矿浓缩浓度51%以上，溢流水固体含量<300×10⁻⁶，黏土尾矿分<16%，压滤饼平均水率<15%，高压隔膜600 m² 压滤机效率28.47 kg/m²·h	细粒级湿尾矿综合利用

续表

序号	工艺技术设备名称	技术装备简介	关键技术及主要技术指标	具体适用范围
26	磷石膏空心砌块半干法连续生产工艺技术	该技术（设备）采用"添加自制外加剂和β型二水石膏促凝"技术，以增强建筑磷石膏粉的分散性能，控制水化时间和水化程度。该技术可减少掺水量，缩短成型时间，降低产品含水率，制备磷石膏空心砌块，产品不需要烘干或晾晒即可出厂，实现连续化高效率生产	**关键技术：**添加外加剂技术；高速剪切混合搅拌技术；快速双面加压模具成型技术；利用水化热蒸汽线上行走自然养护技术；水化时间和水化程度的精准控制技术 **主要技术指标：**掺水量为煅烧磷石膏质量的30%，成型时间为25～30 s，产品含水率≤20%，单套装置年产能10～12万 m²	煅烧磷石膏、脱硫石膏制备空心砌块
27	混凝土制品压振一体式成型生产技术与智能化生产线	开发了"压振一体，上压下振"的高压振捣挤融成型新工艺及生产装备，密实成型，达到了工业固废颗粒料、粉料及超细粉料全兼容综合利用。该生产线可用于制造高强度的人造仿石制品及其他多类建材制品，固废掺入量可达80%及以上	**关键技术：**伺服振动+高静压复合成型技术 **主要技术指标：**成型制品的最大高度≤500 mm，生产率≥150 m²/h，振动系统最大激振速度≥30 g，电液伺服静压系统额定压力≥10 000 kN，底台高效垂直向振动系统的振动频率为0～60 Hz，制品抗压强度≥70 MPa	工业固废、建筑垃圾综合利用

		关键技术	
28	高效智能尾矿破碎技术设备	该设备通过对破碎机结构的优化改进,提高破碎效率。同时应用智能控制系统对破碎设备的运行状态实时监控与信息反馈,提高尾矿破碎生产效率,优化产品粒形,降低能耗。同时,有效沉降破碎作业中产生的粉尘颗粒,降低对空气质量的影响。实现尾矿综合利用率 80%	**关键技术:** 挤满式层压破碎技术 **主要技术指标:** 最大处理能力,2 450 t/h(中碎);单位物料能耗 0.53 kW·h/t,优于《圆锥破碎机能耗指标》(GB/T 26965—2011)中的 1.0 kW·h/t。出料合格率 80%	尾矿破碎
29	利用矿渣固废生产矿渣微粉粉集成技术	矿渣固废经矿渣上料系统进入矿渣立磨粉磨系统,在立磨内经过破碎、粉磨、烘干、气体输送、选粉,由热风炉提供矿渣在磨内烘干需要的热量,生产出的矿渣微粉比表面积 420 m²/kg,尾气排放浓度小于 10 mg/m³,系统能耗不大于 40 kW·h/t	**关键技术:** 一体化高效绿色节能矿渣立磨装备技术;中控 DCS 的高效、环保、节能工艺技术 **主要技术指标:** 矿渣微粉比表面积 420 m²/kg;矿渣微粉系统能耗<40 kW·h/t	矿渣生产微粉
30	钢渣/矿渣辊压机终粉磨系统技术	该技术包括烘干+粉磨+分选等工序,可将钢渣/矿渣粉磨至比表面积 420 m²/kg 以上,采用加湿和均质化的物料预处理技术,实现辊压机成品的料床稳定	**关键技术:** 辊压机终粉磨料床稳定技术 **主要技术指标:** 矿渣粉成品比表面积 420 m²/kg 时,系统电耗不大于 35 kW·h/t,个别系统小于 30 kW·h/t	冶金渣粉末

续表

序号	工艺技术设备名称	技术装备简介	关键技术及主要技术指标	具体适用范围
31	移动式建筑垃圾破碎筛分站	移动破碎站可进驻拆迁现场或建筑垃圾消纳场,建筑垃圾经给料机喂入破碎机进行破碎,筛分离选后的粗料得到不同粒级的物料,建筑垃圾再生骨料资源化率≥90%	**关键技术:** 移动站集成化、通用化技术;再生骨料破碎整形技术 **主要技术指标:** 建筑垃圾再生骨料资源化率≥90%,且产品质量符合现行国家标准 GB/T 25176 和 GB/T 25177 的要求	建筑垃圾破碎及分选
32	建筑废弃物(拆房垃圾)高质化处置成套工艺技术及装备	该技术适用于建筑废弃物的破碎和分选,通过三级破碎、三级风选、磁选等工序,将不同粒径的再生骨料、金属、塑料等物质分离	**关键技术:** 建筑废弃物均质化成套破碎技术;建筑废弃物的多级分选技术 **主要技术指标:** 杂质分离率 98%;后端相关设备使用寿命延长 35%	建筑垃圾破碎及分选
33	钢渣立磨终粉磨技术	该技术通过调节选粉机转速、磨机气流量和碾磨压力,并与合适高度的挡料圈相结合,可获得要求的研磨细度。采用高压少磨技术粉磨钢渣,并开发除铁系统以及磨内除铁技术,减少了铁的富集,实现了高产低耗生产钢渣微粉	**关键技术:** 磨内除铁技术;外循环除铁技术;高压少磨研磨技术 **主要技术指标:** 系统处理能力年产 20 万~150 万 t;成品比表面积≥450 m²/kg;系统电耗小于 38 kW·h/t,立磨主机电耗小于 27 kW·h/t,关键主轴承类部件设计寿命 50 000 h,立磨装机功率为 1 250~7 800 kW	钢渣破碎和除铁

			关键技术：

| 34 | 铸造废弃物综合利用技术设备 | 该设备利用铸造黏土废砂中有机成分作为主要燃料进行焙烧，并采取精确温控技术，得到性能优于原砂新砂的再生砂，再生砂又用于铸造造型生产，实现了铸造黏土废砂的循环利用 | **关键技术：**
无机黏结剂废砂的快速碾磨装置技术；废砂粉碎装置技术；废砂烘烤装置回收装置打磨技术
主要技术指标：
生产能力>5 t/h，成品砂温<35 ℃，回收率90%，灼减量≤0.2%，含泥量≤0.3%；高压空气压强 0.4～0.7 MPa，燃气消耗量13 m³/t砂，pH 值<8，平均能耗5～20万 kcal/t砂；再生率:100%黏土砂时为75%～85%，100%壳砂芯时为95%以上 | 铸造废砂综合利用 |
| 35 | 全煤矸石烧结空心砖生产技术及装备 | 对煤矸石破碎及陈化处理，再经真空挤出机挤出成型，由切条机及切坯机切制成需要的砖坯，再经干燥、焙烧等工艺制备空心砖 | **关键技术：**
全煤矸石烧结技术；伺服控制技术
主要技术指标：
成品装孔洞率≥25%，导热系数 λ = 0.452 W/(m·K)；北方地区多孔砖墙体比实心砖墙能减少37% | 煤矸石烧结空心砖生产 |

续表

序号	工艺技术设备名称	技术装备简介	关键技术及主要技术指标	具体适用范围
36	脱硫石膏用于建筑楼板保温隔声系统的工艺技术及设备	该技术主要是对电厂排放的固体废弃物脱硫石膏进行脱水、化学反应及增大比表面积的脱硫处理，得到化学成分稳定、强度高的脱硫石膏，可替代传统的水泥作为胶凝材料，制备具有保温隔声性能的地坪材料	关键技术：脱硫石膏煅烧及粉磨改性工艺和设备；石膏基自流平的生产工艺和设备；系统构造工艺技术。主要技术指标：三相、低标稠、高强度的建筑石膏，满足《建筑石膏》(GB/T 9776—2022)中 S4.0 的要求；脱硫石膏比表面积 ≥ 450 m²/kg，可替代水泥作为胶凝材料	脱硫石膏制造保温隔声材料
37	基于大宗铁尾矿资源化的高品质砂石骨料干湿联合制备技术与装备	该技术包括预先筛分、连续破碎、再筛分等工序。根据筛分含水情况，采取不同工艺生产建材产品。该工艺适用干北方铁矿干排土场黏细物料制备砂石骨料，采用专用筛分、选别设备技术以及多单元智能控制系统，实现质量、效率提升和能耗降低	关键技术：干湿联合加工工艺；专用筛分、选别设备全流程多单元智能控制系统。主要技术指标：原料利用率 100%；生产线能耗 ≤ 5.03 kW·h/t产品；水消耗 ≤ 0.11 t/t产品	铁尾矿制备砂石骨料
38	高效环保型集约式楼制砂成套装备	该设备将石屑、瓜米石等尾料作为原料，经多次冲击破碎、研磨整形、级配调节、再次碰磨整形、加湿除尘等工艺，产出机制砂。产品可达到《建筑用砂》(GB/T 14684—2022)中 II 类机制砂的要求	关键技术：塔楼制砂设备磋磨整形优化技术。主要技术指标：占地面积下降 80%，粉尘排放 ≤ 10 mg/m³，物料碰磨整形效果提升 10%，整形能节能 7% 以上，所制成品砂相比于普通砂能在每立方 C30 混凝土浇筑中节约水泥 40~50 kg	尾矿制机制砂

序号	技术名称	技术简介	关键技术及主要技术指标	应用领域
39	有机固废高温裂解气化利用处理技术	有机固体废弃物经过高温裂解气化反应，其中的有机质大分子态裂变为可燃气体进行充分燃烧；一部分过湿态垃圾干化，剩余部分可出售或发电；固废物料中无机物以惰性残渣形式排出，作为建筑垃圾免烧砖的原料	**关键技术：**多段式洁净高效裂解气化技术 **主要技术指标：**残渣热灼减率<3%；垃圾减容率>90%；二噁英类物质排放浓度<0.1 ng-TEQ/m³，飞灰产生量<0.5%	有机固废裂解气化和建筑材料制造
40	发酵工业副产石膏资源化综合利用成套技术及装备	该技术装备在发酵石膏的形成过程中，对二水石膏的成核数量、晶体形貌进行调和控制，最终获得形貌佳的二水石膏。以该石膏为原料，通过反应釜、固液分离设备、煅烧设备、闪蒸干燥等设备生产出高性能的石膏胶凝材料	**关键技术：**有机物含量低，颗粒大，形貌佳的二水石膏成核数量、晶体形貌调控及制备技术；高性能石膏胶凝材料制备技术 **主要技术指标：**高效原料预处理：常温、常压、臭氧浓度0.2～2 mg/L；一次调浆水去母车间综合利用；二次去母车间进行综合利用；α型高强石膏循环利用6～8次后去母车间进行综合利用；α型高强石膏：2 h抗折强度>7.0 MPa，干抗压强度>59 MPa。性能指标达到《α型高强石膏》（JC/T 2038—2010）中α50等级；β石膏粉：初凝19 min，终凝26 min，2 h抗折3.5 MPa，性能指标达到《建筑石膏》（GB/T 9776—2022）中3.0等级	副产石膏综合利用

续表

序号	工艺技术设备名称	技术装备简介	关键技术及主要技术指标	具体适用范围
41	基于含铝固废的环保型高强度低密度气固废页岩陶粒支撑剂及制备技术	该技术主要是对铝镁深加工后端产生的泥饼、废渣等固体废弃物进行无害化处理。针对铝镁深加工高铝废渣对陶粒压裂支撑剂的烧结特性、物相组成、性能指标的影响机理，形成以铝镁深加工固废为主要原料的高强低密低密度裂压支撑剂绿色制造关键技术，可实现含铝固废矿渣循环利用，解决含铝固废高强压裂陶粒低密度制备技术问题	**关键技术：** 多组分矿化剂低温烧制技术；莫来石晶须增韧技术；表面助烧结技术 **主要技术指标：** 产品的烧成温度由1 380~1 410 ℃降低到1 280~1 350 ℃，节约能源10%左右；产品体积密度1.35 g/cm³，视密度2.72 g/cm³，69 MPa闭合压力下破碎率4.2%，优于标准要求50%以上；年综合利用固废矿渣约40 000 t，原材料成本降低20%；减排烟气量221.93万m³以上	含铝矿渣制陶粒
42	蒸压加气混凝土板材绿色制备工艺技术及数字化成套装备	该成套装备可利用含硅质大宗工业固废生产蒸压加气混凝土板材。主要工艺流程包括拓粉磨、制浆、配料计量、搅拌浇注等，成品合格率≥98%	**关键技术：** 利用含硅质大宗工业固废生产蒸压加气混凝土板材的系统集成数字化技术 **主要技术指标：** 生产周期4~5 min/模；成品合格率≥98%；切割精度：长±2 mm，宽±1 mm，高±1 mm；生产能力20~30万m³/a	工业固废制建材

43	带余热烘干系统的100%电石渣替代石灰石新型干法生产线	该技术通过在线余热烘干系统处理电石渣,处理后的电石渣可替代石灰石生产熟料。生产过程充分利用熟料煅烧系统的余热烘干,可实现节能降耗,熟料性能均可达到或优于干法标准要求	关键技术:余热在线烘干电石渣技术;二次配料技术 主要技术指标:电石渣可100%替代石灰石生产熟料,可以节约矿产资源,减少电石渣污染。利用电石渣每生产1 t熟料,可以减排0.57 t CO_2	电石渣替代石灰石生产熟料
44	水泥窑协同处置飞灰技术和成套装备	飞灰经漂洗分离获得水洗液和水洗飞灰,水洗液经水质净化和蒸发结晶处理后,制成工业盐;水洗飞灰经高温窑煅烧后,飞灰中的重金属固化于熟料晶格中,二噁英无害化分解,实现飞灰无害化处置和资源化利用	关键技术:多级逆流漂洗和水洗液净化技术 主要技术指标:成套技术装备满足《水泥窑协同处置飞灰成套装备技术要求》(JC/T 2591—2021)的要求;三废排放指标:废水零排放,废渣100%资源化利用和废气达标排放	水泥窑协同处置飞灰
45	钢铁企业含锌固废全量回收装备技术	该技术适用于钢铁企业含锌固废的处置,可实现次氧化锌和含铁物料循环利用。原料预混处理后,通过回转窑处置产出脱锌后的含铁物料	关键技术:低能耗高效率回转窑工艺技术;次氧化锌和含铁物料高效回收技术;含锌固废超洁净低排放集成技术 主要技术指标:脱锌率达到90%以上,含铁物料TFe达到60%以上,无二次固废污染	钢铁含锌固废回收和循环利用

续表

序号	工艺技术设备名称	技术装备简介	关键技术及主要技术指标	具体适用范围
46	水泥窑炉专门处置含有机污染物土壤的成套技术装备	该技术装备是基于传统水泥回转窑开发的热脱附专用窑，对分解炉等进行改进，增加了急冷装置和活性炭吸附装置，可实现工业含氧、多环芳烃等有机污染土的无害化、规模化处置。日处置能力2 000 t以上	关键技术： 烟气净化"二燃室"分解炉设计；油煤混烧技术装备；分解炉独立点火技术装备；烟气急冷关键技术装备；水泥原料实现干法脱硫技术 主要技术指标： 热脱附污染土温度≥650 ℃；热脱附停留时间20～35 min；脱附效率＞99.99%；二燃室烟气焚烧温度≥1 100 ℃；停留时间≥3 s；有机物焚毁去除率≥99.99%	有机污染土壤无害化处置
47	磷石膏无害化处理关键技术	该工艺技术包含磷石膏浮选和净化处理等工序。浮选可有效脱除磷石膏中的有机质与含硅杂质，得到纯度较高的磷石膏，水洗后送至改性槽，将磷石膏中水溶性的磷、氟化物固化，得到无害化石膏。经无害化处理后的石膏既可用于生产建材、路基材料等产品，实现资源化利用，也可达到相应环保标准安全堆存	关键技术： 浮选工艺技术；净化工艺技术 主要技术指标： 改性料浆送至改性槽过滤机进行脱水，改性后磷石膏滤饼的含水率低于25%，浸出液中 $P \leq 0.5$ mg/L，$F \leq 10$ mg/L，pH值为6～9。磷石膏经过"洗涤→固化→堆存"无害化改性后，其浸出液的 P，F，$NH_3\text{-}N$ 浓度及 pH 值均符合《污水综合排放标准》(GB 8978—1996)中的一级标准	磷石膏无害化处置

		关键技术：	
48	赤泥分质降碱工艺技术	该技术利用拜耳法氧化铝生产工艺产生赤泥粒度与成分不均匀的原理，对赤泥进行分质，获得低碱高铁赤泥。低碱高铁赤泥可作为铁剂原料应用于建材、钢铁及净水剂等行业。实现铝土矿资源的梯级利用	拜耳法氧化铝生产分质用矿技术，拜耳法赤泥分质脱碱技术 **主要技术指标：** 分质脱碱后赤泥水分<25%；烘干后固相钠铝酸钾含量（以 Na₂O 计；K₂O 根据分子量[向 Na₂O 折算]）<3.0%，Fe₂O₃>55%	赤泥分质利用
49	烧结法配置工艺技术	该技术用拜耳法氧化铝生产工艺所产生的高铁赤泥，替代烧结法氧化铝生产工艺需要用到的高铁铝土矿。根据配入的高铁赤泥成分，调整烧结法生产工艺的配料中生料浆配方，以满足烧结法工艺的配料需求，可解决目前高铁铝土矿石资源获取成本高的问题	烧结法生料浆制备技术，熟料烧成技术 **主要技术指标：** 熟料烧成温度相较传统配料工艺温差<20 ℃，拜耳法高铁赤泥中铝元素回收率>50%，钠元素回收率>60%	高铁赤泥综合利用
50	磷石膏高效净化处理技术应用	该技术通过将石膏料浆分级和真空过滤洗涤，得到品质优良的净化石膏。旋流分级机利用强力的离心力来实现混合物在高速旋转下的分离，真空带式过滤系统以真空负压推动力实现固液分离。经旋流分级及净化处理后的磷石膏 SiO₂ 含量降低，CaSO₄ 含量提高，白度提升了 10.59%，所生产的建筑石膏 β-CaSO₄·1/2H₂O 含量>70%，初凝时间延长（>4.5 min），抗折强度大于 3 MPa，产品质量达到建筑石膏最高级 P3.0 级	磷石膏旋流分级技术，磷石膏真空过滤洗涤净化技术 **主要技术指标：** 净化磷石膏：游离水≤25%；水溶性 P₂O₅≤0.1%；水溶性 F≤0.1%；pH 值≥5.0	磷石膏分级及净化

续表

序号	工艺技术设备名称	技术装备简介	关键技术及主要技术指标	具体适用范围
（三）再生资源回收利用				
1	钢筋撕碎线	该设备主要用于废旧钢筋的破碎，由撕碎主机、入料输送设备、出料输送设备、动力驱动系统、智能控制系统等组成，可生产钢筋颗粒	**关键技术：** 定尺寸剪切技术；特殊刀片技术；液力缓冲技术 **主要指标：** 出料合格率达98%以上；刀片使用寿命达1 000 h以上；产能可达3～30 t/h	废钢筋破碎
2	不锈钢短流程炼钢固废资源化综合利用	该技术利用了工业生产过程中产生的氧化铁皮、除尘灰、污泥等固废，通过烘干、除尘灰消解、配料、输送、压球、球团烘干等设备制成球团。球团作为炼钢原料加入熔炼炉，利用金属氧化物还原再生，生成镍和铬团中金属铬的碳和硅对球团中金属氧化物还原再生，生成镍、铬和铁等有价含镍铬铁	**关键技术：** 烘干水分、消解工艺、黏合剂添加比例、冷压压力等控制，熔炼炉回用球团时的还原技术 **主要指标：** 球团水分控制在1%以下，球团抗压强度控制在1 000 N/cm² 以上	废钢铁综合利用
3	利用炼油废催化剂制备聚合硫酸铁铝关键技术及产业化	本技术利用炼油废催化剂以及工业废酸生产聚合硫酸铁铝。将聚合硫酸铁铝的催化制备时长由10 h以上缩短至1 h以内，实现快速、高效制备聚合硫酸铁铝环保絮凝剂	**关键技术：** 酸解螯合技术 **主要指标：** 特殊危废的分解利用率达到95%	炼油废催化剂及工业废酸综合利用

续表

序号	技术名称	技术内容	关键技术及主要技术指标	应用领域
4	废旧塑料的清洁增值再生技术开发及在5G通信、汽车领域的应用示范	该技术是通过优化废塑料再生料与新料、增韧剂、无机填料等关键助剂以及关键的组分分配比，制造低碳、低成本、高值化再生塑料，产品可在汽车、5G通信车领域应用	关键技术： 精细分选技术；表面化学改性；原位接枝增黏；组分配方优化 主要技术指标： 分拣精度达到99.5%以上，精确度提高了10%以上；节材率提高5%以上；再生塑料颗粒熔脂、拉伸、冲击、灰分等物性指标提升15%以上；新鲜水的使用率可降低25%以上	废塑料再生利用
5	基于化学法的晶硅光伏组件环保处理成套工艺技术及关键设备	通过热解化学法对退役光伏组件进行处理，实现退役光伏组件背板剥离，电池片与玻璃面板拆解以及硅片中稀有金属的提取再利用。通过高负压吸附与温度控制协同作用，实现组件背板材料的低损剥离；通过气氛控制，热场匀流高效低损拆解，实现电池片与玻璃面板的高效低损拆解；通过选择性浸提、沉淀、萃取技术实现银铜等高价值材料的提取	关键技术： 气氛控制和热场匀流热解的组件低成本绿色低损拆解技术；选择性浸提、沉淀、萃取等的构成材料高效环保分离技术 主要技术指标： 化学法回收示范线产能≥12 MW/a，质量回收率≥92%，银/硅/铜回收率银≥95%，硅≥95%，铜≥98%	废旧光伏组件综合利用
6	退役风电叶片及热固性材料高效处理智能装备及产业化应用技术	该设备由切割车、破碎车、分选车和打包封装车等组成"智能移动工厂"，实现就地切割、粉碎、筛选、打包封装等作业流程，产物可广泛应用于建筑工程、木塑及塑料制品等领域中，实现高值化再利用	关键技术： 移动式装备功能集成技术；专业化切割工艺技术；系统一体化智能控制技术；高效除尘技术；防爆安全技术 主要技术指标： 处理能力≥1 t/h；纤维出料尺寸（可根据筛网尺寸调节）2～10 mm可调；粉尘排放≤20 mg/m³	废旧风电叶片破碎和打包

续表

序号	工艺技术设备名称	技术装备简介	关键技术及主要技术指标	具体适用范围
7	晶硅光伏组件回收工艺技术及国产化设备	本技术包括前端预处理工艺、完整组件回收工艺、破碎玻璃组件回收工艺、硅材料提纯工艺等，可分类拆解组件各材料，实现从接线盒（线缆）、铝边框的机械回收，光伏玻璃、焊带、硅电池片分含氟背板，以及硅电池颗粒清洗提纯的层分离回收，实现组件绿色循环利用全材料回收	**关键技术：** 热切割分离技术；选择性分离技术；热解去 EVA 技术；自动化机械拆除技术 **主要技术指标：** 完整玻璃、铝边框、接线盒、线缆回收率 100%；破碎组件玻璃回收率 93.96%；有效去除粘接层 EVA，完整及破碎组件整线综合回收率 91.32%	废旧光伏组件综合利用
8	有机固废无氧热解资源化利用技术装备	该技术通过低温无氧热解，对固废中的有机物进行脱附裂解。有机固废通过密封进料系统、热解系统、油气收集系统、密封出渣系统、烟气净化系统无害化处理后，产出热解油、热解残碳渣等衍生能源产品。实现固废残余有机含量≤1%且每吨有机固废可提供约 1.2×10⁶ kcal 能量的效果	**关键技术：** 动密封密封技术、防结焦技术、热载体炉内循环技术、油水分离技术等 **主要技术指标：** 有机物脱除率≥99%；系统总体热效率≥75%（指有效热占总供热的比重）；动密封漏风系数＜0.1%；废气量≤1 100 m³/h；二噁英排放浓度 0.042 ng·TEQ/m³	有机固废无氧热解

			关键技术：	应用领域
9	生活垃圾可回收物智能分选循环利用技术	该技术将物料通过多级机械筛分、智能分选、破碎、打包等工艺，实现对不同种类可回收物的分选和打包。生产流程整合可回收物智能分选技术、智能识别回收智慧分选技术、多种智能分选技术、再生利用系统智能分选技术，配备 AI 智能分拣机器人、脱标机器人、全自动液压式智能分拣打包机、泡沫冷压机、色选机等智能设备，最终实现高效回收	关键技术： 混合可回收物智能分拣技术；智能识别技术；多系统智能分选技术；再生利用技术 主要技术指标： 智能识别准确率>98%；智能分选准确率>95%；综合资源回收率>90%；混合可回收物处理量 15～18 t/h	生活垃圾破碎、分选、打包
10	智能化废轮胎完全还原再利用成套技术	该技术采用 YJ-6 型高速切削热原理，将废轮胎一次还原（物理法）通过配比使用，可提高再塑制品的曲挠性能、耐磨性能和抗撕裂性能等，可替代生胶 15～20%	关键技术： YJ-6 型高速切削热技术；超微纤维胶缺活化复合技术；切削速度模糊控制技术 主要技术指标： 细度≥150 目；扯断伸长率≥600%；永久变形≤12%；拉伸强度≥30 MPa；替代生胶 15～20%	废轮胎再生利用
11	液相粉碎法制取新型环保超细废轮胎橡胶粉的绿色技术	该技术在全封闭液相回路中对橡胶颗粒进行破碎研磨，并进行固液分离水干燥，实现了常温产业化生产 80～200 目超细、超微细硫化橡胶粉，生产过程无废水、无废气，无废渣排放	关键技术： 废轮胎超细微胶粉再生技术；常温制备超细、超微细黏弹性橡胶粉技术 主要技术指标： 处理废轮胎单吨生产能耗<0.071 t 标准煤，VOC<0.5 mg/m³，80 目产品拉伸强度>15 MPa，扯断伸长率>450%	废轮胎再生利用

续表

序号	工艺技术设备名称	技术装备简介	关键技术及主要技术指标	具体适用范围
12	磷酸铁锂电池拆解利用	通过对磷酸铁锂电池/极片黑粉湿法回收处理,达到将磷酸铁锂电池中的各个组分精确分离。包含定向除杂氧浸、碳酸锂合成,磷酸铁合成等工序	**关键技术:** 退役磷酸铁锂电池精准分离技术;磷酸铁锂电池黑粉湿法全资源化回收技术 **主要技术指标:** 电池级磷酸铁/碳酸锂回收率95%以上,纯度均达到电池级	退役磷酸铁锂电池回收
13	高兼容性退役电池快速无损检测与分选系统	该技术建立了一套退役动力电池状态评估方法,通过参数提取,状态预测以及快速分选等工序对电池高效配组。该系统相较于传统工艺,实现提高分选效率约5倍以上,降低成本约50%以上	**关键技术:** 退役动力电池状态评估方法 **主要技术指标:** 分选对象为仍有70%~80%的可用容量的电动汽车退役电池,单套设备每年电池分选能力约157万块	退役动力电池回收和分选
14	动力锂电池再生利用前处理技术	该工艺技术可处理带有电量的退役动力电池包(Pack),对电池包进行拆解得到电池模组,将电池模组不放电直接破碎后,低温蒸发去除电解液,除电解液外的其余物料组分进行分类收集,剩余材料均可以回收,剩余材料的回收率高于90%	**关键技术:** 电池模组带电破碎技术;电解液高效脱除技术;精细化分选技术;电解液无害化处理技术;工业用水循环利用技术 **主要技术指标:** 处理能力2 t/h;回收率高于90%;混合粉料中锂含量范围2.0%~3.5%;杂质含量范围:铜0.7%~1.0%,铝1.2%~1.5%;铜产品的纯度>93%;外壳纯度>95%	废旧动力锂电池拆解

			关键技术：	
15	废旧动力电池全流程高质利用技术与装备	该技术通过撕碎、破碎、干燥、热解、分选、焙烧、尾气全流程处理，实现"废旧单体电池到黑粉、铜、铝，黑粉焙烧湿法优先提锂"高质高值利用，各工序产生的废气经尾气处理系统后达标排放	基于电池不同组分的多级复合处理及工艺调控技术；电池多组分回收处理装备密封及温控、流场精准控制技术；大型连续式装备高效自动化作业技术；反应过程多污染物协同清洁处理技术 主要技术指标： 反应区间含氧量≤0.1%，有机物去除率≥99%，黑粉、铜、铝回收率≥99%，黑粉中铜铝等杂质含量≤1%，铜中杂质含量≤1%，铝中杂质含量≤1%，炉内截面温度均匀性±5℃	废旧动力电池综合利用
16	新能源汽车动力电池单体自动化拆解及正负极材料修复技术	该工艺技术采用复配洗脱、复合智能识选一体化分离、可控折曲精准分选一体化剥离和修复固相修复等技术集成，分离回收动力电池中的7个关键组分，并修复正负极材料。修复产品可直接应用于电池制造，进而再应用于低速车、储能等新能源行业	关键技术： 锂离子电池精细化拆解技术；高温固相材料修复技术 主要技术指标： 锂离子电池精细化拆解材料综合回收率95%以上；高温固相修复技术后正极材料中含铝量：I级<0.08%；II级<0.15%；III级<0.2%。铜箔与负极材料的100%分离，修复 $LiFePO_4/C$ 放电比容量为145.5~148 mA·h/g，可满足重新用于电池制造的要求	废旧动力电池综合利用

续表

序号	工艺技术设备名称	技术装备简介	关键技术及主要技术指标	具体适用范围
17	退役锂电池全组分循环利用关键技术及装备应用	采用物理分离+湿法浸出+短程萃取+低碳烧结的定向循环的工艺方法，实现了退役锂电池的定向循环；技术包括预处理、浸出、除杂、萃取、热分一体化装备、材料烧结等工序，通过拆解-破碎分离、选择性优先提锂、三废协同处置，超长烧结系统等先进装备与工艺，生产镍钴锰酸锂、镍钴锰氢氧化物、电池级锂盐、元明粉、再生轻质建材等产品；实现了退役锂电池资源化	**关键技术：** 退役锂电池高效环保预处理技术；高盐废水汽提脱氨与元明粉再造技术；固废再生轻质建材陶粒技术；高端前驱体与正极材料低碳合成技术 **主要技术指标：** 实现芯料分离率≥99.9%，单体切割效率≥360 PCS/h，铜残留率<1%，镍回收率可达90%，锂锰提取率达99.3%，锂回收率达90%，氨水回收率99.9%；循环再造镍钴锰酸锂产品首次充放电效率>92%，克容量>207 mA·h/g，对比原矿产品降碳可达49.25%，固体综合利用率提升>30%	废旧动力电池综合利用
18	废铅蓄电池绿色低碳循环利用关键技术	该技术包括全自动破碎分选、无铁化熔炼、专有脱硫除尘和废塑料光电分选工序，可处理废铅蓄电池并得到板栅、铅网和铅泥等含铅原料和塑料。实现清洁生产和再生资源回收利用	**关键技术：** 全密闭自动化破碎分选技术；纯氧侧吹多室熔炼炉熔炼技术；微孔覆膜高效除尘湿法脱硫技术；废塑料光电分选技术 **主要技术指标：** 吨铅耗能≤98.4 kg标煤，除尘率99.9%以上，脱硫效率达到99.9%，$Pb≤$ 和二氧化硫去除率到排放烟气中颗粒物≤8 mg/m^3，SO_2≤30 mg/m^3，0.6 mg/m^3	废铅蓄电池综合利用

19	废线路板资源化利用系统	该技术采用机械破碎+风力分选+静电分选,对废线路板进行资源化提取,得到树脂粉粉末与铜粉两种主要产物	关键技术: 废线路板资源化利用系统采取了三级破碎(双轴撕碎机+高速粉碎机+锤式破碎机)+四级分选(磁选+振动筛分+Z型风选+静电分选)+三级除尘(旋风除尘+脉冲布袋除尘+活性碳吸附)的工艺 主要技术指标: 金属粉中铜的品位≥85%;金属铜回收率≥97%;树脂粉末内含铜量≤2%	废电路板资源化利用
（四）再制造				
1	退役低效工业电机及系统高效再制造关键技术	该技术以淘汰、老旧在用、低效工业电机为生产毛坯,通过原理重构,对其循环价值再识别,再发掘,通过原理重构,拓扑再制造、结构再设计和永磁化延寿再制造关键技术,实现废旧资源高价值循环利用,并大幅提升电机能效水平	关键技术: 结构再设计技术;永磁化延寿再制造关键技术 主要技术指标: 再制造生产环节节约成本50%、节能60%、节材70%,减少排放80%以上,综合再制造率85%。电机再制造升级后可提升系统节电率5%~20%	工业电机再制造

续表

序号	工艺技术设备名称	技术装备简介	关键技术及主要技术指标	具体适用范围
2	非晶态金属陶瓷高温耐磨材料及涂层制备	本技术通过将金属陶瓷技术、高熵合金技术及增材制造技术相结合，使（Ti、W、B、Mo）C固溶体与高熵多元合金复合，开发出高韧性、耐高温、耐冲击的非晶态金属陶瓷高温耐磨材料及大功率等离子涂层制备技术，使现有材料抗高温磨损寿命提高到10倍以上	**关键技术：** 等离子熔覆及激光熔覆等增材制造工艺技术；非晶态金属陶瓷高温陶瓷涂料及涂层制备技术。**主要技术指标：** 800 ℃条件下，30 min高温摩擦磨损试验中磨损率不超过4.85×10⁻⁷ mm³/（N·m）；600 ℃条件下，涂层宏观硬度≥HRC50；热轧侧导板寿命由十几小时提高到10～15 d	耐磨耐高温零件修复再制造
3	液压油缸内外壁激光增材再制造技术与设备	该技术通过内外壁增材再制造工艺利用熔覆层表面耐腐蚀，解决传统工艺熔覆利用率低，成本高的问题。解决外壁电镀工艺以及采用传统电镀工艺污染严重、镀层易脱落、镀层磨损、不耐磨损，不能恢复尺寸等问题	**关键技术：** 高速丝材激光熔覆技术；专用熔覆技术。**主要技术指标：** 外壁激光熔覆：6 kW激光器，熔覆效率50 dm²/h，熔覆层厚度0.5～2.0 mm可调，熔覆层稀释率≤8%，熔覆层耐中性盐雾腐蚀试验500 h无腐蚀。外壁激光熔覆设备可熔覆工件直径40～600 mm，可熔覆最大长度3 800 mm；内壁激光熔覆：6 kW激光器，熔覆效率25 dm²/h，熔覆层厚度0.8～2.0 mm可调，熔覆层硬度HRC 25～35，熔覆稀释率≤10%，熔覆层中性盐雾腐蚀试验500 h无腐蚀。内壁激光熔覆设备可熔覆工件内径180～600 mm，最大熔覆深度3 800 mm	矿山机械、工程机械、石油机械、冶金机械等设备的内外壁修复

		关键技术：	
4	航空发动机和燃气轮机高温合金叶片热等静压再制造技术	该技术是在高温、高压和惰性气体保护下，对高温合金叶片产品显微缩松、裂纹等缺陷愈合和消除，提升力学性能和疲劳寿命。主要工序包含清理装载、气体充入、升温升压、保温保压、冷却出炉、检验，实现服役叶片再装机使用的目的	**关键技术：** 航空发动机和燃气轮机高温合金叶片热等静压工艺设计技术；温度场压力场精确控制技术；检验检测技术。 **主要技术指标：** 温度控制：至温至 2 000 ℃；压力控制：0～200 MPa；对高温合金叶片的显微缩松、微裂纹的消除率在 80% 以上	航空发动机、燃气轮机涡轮叶片的维修和再制造
5	发动机再制缸体加工中心	该技术开发了自动化加工程序，解决传统发动机再制造工艺分次定位导致产品精度不能达到的原工水平、生产效率低和一致性不好的问题。该技术包含自动化探针扫描技术，在缸体一次装夹定位后，可完成对缸孔、密封面、主轴承孔、凸轮轴孔、挺柱孔、上平面、水孔、螺孔、端面等多个磨损失效部位的逐个自动化加工	**关键技术：** 缸体再制造加工自动化程序集成探针扫描系统 **主要技术指标：** 总功率 25～45 kW；一人可同时操作 3 台机床，节省用工成本	发动机缸体再制造
6	大型半导体真空腔体设备精密零部件清洗再制造工艺技术	该技术对半导体设备真空腔体零部件在生产半导体液晶面板时被污染或损坏的零部件进行回收，通过化学清洗去膜、物理清洗去膜和敷损坏的零部件表面涂层再造，达到半导体设备零部件再生利用	**关键技术：** 物理清洗去膜技术；半导体设备零部件特殊涂层再生技术 **主要技术指标：** 清洗再生循环利用次数 35 次以上；特殊涂层循环再生次数 20 次以上	大型半导体真空腔体设备再制造

续表

序号	工艺技术设备名称	技术装备简介	关键技术及主要技术指标	具体适用范围
7	自动变速箱再制造高效一体化清洗、高效回转装配及输送成套技术	该技术通过一体化清洗和回转装配输送，对自动变速箱进行高效清洁净输送和高效装配输送。通过 PLC 程序控制设置，翻装装配可沿 XYZ 方向可调节，满足多人多工序分段模块化，实现节约占地面积，大幅提高清洗和装配效率	**关键技术：** 超声波高温浸洗、喷淋、风切、吹烘干工艺集成程控技术；模块化装配及回转输送转换节技术；模块化装配及回转输送转移技术 **主要技术指标：** 清洗效率提升 30% 以上；清洗洁净度提升 10% 以上；节省装配占地面积 50%~80%，装配输送效率提升 2~3 倍	自动变速箱再制造
8	盾构机关键零部件再制造技术	采用主驱动轴承增材再制造技术，在受损的轴承滚道面上熔接同质金属粉末，从而实现轴承滚道的修复。该技术能够延长主轴轴承的使用寿命，避免了传统修复工艺须减少修复层硬度厚度的问题	**关键技术：** 盾构机主驱动轴承增材再制造技术 **主要技术指标：** 修复的轴承滚道硬度 HRC 55~62，精度 0.01 mm，对原有轴承的材料利用率达到 90% 以上	盾构机再制造

| 9 | 再制造专用内外圆磨床 | 该技术通过 PLC 和 CNC 系统和智能化加工程序控制，辅以自主研发的 AEM 在线测量仪器，实现高精度、高效率的加工轴、孔类零件。操作者选择和设置工件参数，实现机床加工参数的一键启动加工流程，并能对机床做预设切削余量的精准控制，实现高效率、高精度的自动化磨削过程 | **关键技术：**
PLC 和 CNC 系统和智能化加工程序
主要技术指标：
加工范围：可加工孔径：30～300 mm；轴类零件回转直径 1.2 m，重 5 t；辅以 PLC、CNC 控制系统，可以加工 R 形、sin、cos 以及条法定义的多种柱形表面轮廓。内外圆之间的同轴度以及内外圆与端面的垂直精度高，圆度和锥度精度 0.002 mm。设备寿命 10 年以上。配用环保型切削液绿无污染。可根据客户需求提供包括经济型、型和 CNC 型的多种变型产品 | 轴、孔类零件的再制造 |
| 10 | 汽车钣金再制造整形装置 | 通过固定后多方式、多角度施力，实现对汽车钣金件的再制造生产。经过受损位置受力分析后，实现多种施力方式，任意角度、施加可控的作用力，使钣金件以最小的二次受损，恢复到原始的三维立体平面，提升品质的同时，增加了再制造生产效率 | **关键技术：**
汽车钣金件可变尺寸固定技术；任意角度同时可控施力技术
主要技术指标：
再制造钣金件实现 100% 装车合缝；提升生产效率约 75%；再制造原材料利用率提升 30% | 汽车钣金件的再制造 |

参考文献

［1］姜玲玲,丁爽,刘丽丽,等."无废城市"建设与碳减排协同推进研究［J］.环境保护,2022,50(11):39-43.

［2］王宇浩."无废城市"视野下城市固体废物资源化利用法律制度研究［D］.绵阳:西南科技大学,2021.

［3］耿超,郭士会,刘志国,等.赤泥资源化综合利用现状及展望［J］.中国有色冶金,2022,51(5):37-45.

［4］李帅,周斌,刘万超,等.赤泥综合利用产业化现状、存在问题及解决方略探讨［J］.中国有色冶金,2022,51(5):32-36.

［5］李欢,杨春明.大宗工业固体废弃物煤矸石的综合利用研究进展［J］.湖南师范大学自然科学学报,2024,47(1):1-9.

［6］石晓莉,杜根杰,杜建磊,等.大宗工业固体废物综合利用产业存在的问题及建议［J］.现代矿业,2022,38(6):227-229.

［7］马明鑫.高炉含碱炉渣冶金性能的研究［D］.唐山:河北理工大学,2006.

［8］陈家伟,张仁亮.工业副产石膏资源化利用生态环境技术发展报告［J］.广州化工,2020,48(24):1-3.

［9］张军华.工业固体废物污染现状及环境保护防治工作研究［J］.商业文化,2021(35):134-135.

［10］佚名.工业固体废物综合利用亟需标准规范和支撑［J］.江西建材,2022(1):249-250.

［11］于国良.国内炉渣综合利用现状分析［J］.冶金管理,2021(21):169-170.

［12］张忠亮,李伟,李斌,等.海上钻井岩屑制备免烧砖及机理研究［J］.新型建筑材料,2021,48(9):156-162.

［13］陈娜.化学法处理燃煤炉渣制备化工原料［D］.青岛:山东科技大学,2011.

[14] 张冰洁,宋鑫,王恒广,等.基于"无废城市"建设的工业固体废物管理新策略[J].环境工程学报,2022,16(3):732-737.

[15] 刘海斌,吴旺平,韩伏,等.基于低温炼铁技术酸性高炉渣流动性的实验研究[J].安徽工业大学学报(自然科学版),2013,30(1):1-5.

[16] 高建山,郑艳玲.基于生产者责任延伸的河北省工业固体废物管理制度研究[J].潍坊工程职业学院学报,2018,31(4):53-57,77.

[17] 浦旭清.基于生活垃圾焚烧炉渣的自清洁泡沫混凝土制备研究[D].淮南:安徽理工大学,2019.

[18] 何品晶,宋立群,章骅,等.垃圾焚烧炉渣的性质及其利用前景[J].中国环境科学,2003,23(4):395-398.

[19] 王童.利用磷石膏制备硫铝酸盐水泥的研究[D].大连:大连理工大学,2022.

[20] 杜明霞.磷石膏浮选净化资源化理论与工艺研究[D].绵阳:西南科技大学,2022.

[21] 唐明珠.磷石膏杂质组分赋存及净化研究[D].天津:河北工业大学,2021.

[22] 崔荣政,白海丹,高永峰,等.磷石膏综合利用现状及"十四五"发展趋势[J].无机盐工业,2022,54(4):1-4.

[23] 王宁.炉渣混凝土力学性能研究[D].阿拉尔:塔里木大学,2022.

[24] 俞新宇,彭军,张芳,等.铝灰资源综合利用[J].中国铸造装备与技术,2022,57(1):21-30.

[25] 陈振坤.铝灰综合利用技术的探讨[J].皮革制作与环保科技,2021,2(21):152-153,156.

[26] 董益宇.芒硝石膏在水泥生产中的应用[J].四川建材,2017,43(10):24-26.

[27] 刘启儒,苟兴无,阳运霞,等.芒硝石膏综合利用的技术研究[J].中国井矿盐,2011,42(5):8-9,23.

[28] 雷建红.煤矸石的污染危害与综合利用分析[J].能源与节能,2017(4):90-91,147.

[29] 杨玉龙.煤矸石固体废物对环境的危害及防治对策[J].云南化工,2022,49(4):148-150.

[30] 陈红霞.煤矸石资源化综合利用存在问题的研究[J].能源与节能,2015(3):95-96.

[31] 王鹏涛.煤矸石综合利用的现状及存在的问题研究[J].科学技术创新,2019(16):182-183.

[32] 范开明,于海彬.浅谈柠檬酸石膏的综合利用[J].化学工程师,2020,34(6):69-70,9.

[33] 张云飞,姚华彦,扈惠敏,等.燃煤电厂炉渣综合利用现状分析[J].中国资源综合利用,2020,38(11):72-74,104.

[34] 刘显丽.燃煤电厂脱硫石膏的产生及综合利用[J].化工设计通讯,2022,48(6):152-154.

[35] 王华国.燃煤炉渣理化特性及用于污水处理的可行性研究[J].能源与节能,2021(7):105-106.

[36] 爱普生(中国)有限公司.深入践行绿色发展理念[J].印刷工业,2022(3):28-30.

[37] 秦艺源.生产者责任延伸制度研究:以经济激励手段为进路[D].武汉:武汉大学,2020.

[38] 佚名.生态环境部:加强固体废物污染防治和新污染物治理[J].黄金科学技术,2022,30(1):140.

[39] 张喜刚,孟跃辉.推动赤泥绿色利用跨上新台阶:专家热议《赤泥综合利用政策研究与行动计划》编制工作启动[J].资源再生,2023(4):30-33.

[40] 刘莎.危险废物综合利用途径探讨[J].能源与节能,2021(4):88-89.

[41] 王涛.我国固体废物标准体系现状及标准化工作建议[J].中国标准化,2018(19):121-125.

[42] 张蕙.我国固体废物管理法律制度研究[D].福州:福州大学,2006.

[43] 裴晓菲.我国环境标准体系的现状、问题与对策[J].环境保护,2016,44(14):16-19.

[44] 常纪文,杜根杰,杜建磊,等.我国煤矸石综合利用的现状、问题与建议[J].中国环保产业,2022(8):13-17.

[45] 李琴,蔡木林,李敏,等.我国危险废物环境管理的法律法规和标准现状及建议[J].环境工程技术学报,2015,5(4):306-314.

［46］周强,靳晓勤,郭瑞,等.我国危险废物全过程管理制度体系现状及展望
　　　［J］.环境与可持续发展,2020,45(5):43-46.

［47］王玉晶,田祎,刘婉蓉,等.新修订的《中华人民共和国固体废物污染环境
　　　防治法》术语和定义解析［J］.环境与可持续发展,2020,45(5):34-37.

［48］邓强,刘贤琪,李春林,等.以盐石膏制备优质石膏粉的可行性试验［J］.纯
　　　碱工业,2022(2):13-16.

［49］杨德敏,袁建梅,程方平,等.油气开采钻井固体废物处理与利用研究现状
　　　［J］.化工环保,2019,39(2):129-136.

［50］李梦莉,张玉国,罗海梅,等.钻井岩屑处理技术及研究趋势［J］.化工设计
　　　通讯,2022,48(7):58-60.